DER KÖNIGSPYTHON
PYTHON REGIUS

René Bonke

Schlupf Foto: B. Love/Blue Chameleon Ventures

Inhalt

Bildnachweis:
Titel: Königspython Foto: R. Bonke
Kleines Bild: Königspython in typischer Ballstellung Foto: R. Bonke
Seite 1: Typische Ballstellung Foto: R. Bonke

ISBN 978-3-86659-118-9

9., aktualisierte Auflage 2026

An der Kleimannbrücke 39/41
48157 Münster
www.ms-verlag.de

Geschäftsführung: Matthias Schmidt
Lektorat: Mike Zawadzki & Heiko Werning
Layout: Barbara Schmücker
Druck: WmD, Backnang

Vorwort

MIT seiner attraktiven Färbung, seiner kontrastreichen Musterung, seiner geringen Körpergröße und nicht zuletzt seinem friedlichen Wesen ist der Königspython (*Python regius*) zu einem „Evergreen" in unseren heimischen Terrarien geworden. Auch das heute schier unerschöpfliche Angebot diverser Farb- und Zeichnungsvarianten von *Python regius* hat sicherlich zur Popularität dieser Riesenschlange beigetragen. So werden im fast jährlichen Rhythmus neue „Morphen" auf dem internationalen Markt angeboten. Ich selbst habe in den 1990er-Jahren mit der Haltung von *Python regius* begonnen. Zu diesem Zeitpunkt beschränkte sich das Angebot der im Terrarienhandel erhältlichen Tiere fast ausschließlich auf Wildfänge, und Nachzuchten bildeten eine seltene Ausnahme. Auch war das Literaturangebot zu dieser Art damals eher als minimalistisch zu bezeichnen, und meine Kenntnisse stützten sich auf wenige Referenzwerke. Hierdurch basierten viele meiner Erfahrungen auf Versuch und Irrtum, und ich bin bis heute dankbar dafür, dass mir anfängliche Haltungsfehler verziehen wurden. Leider wird *Python regius* auch noch heute von unseriösen Händlern als ideale Anfängerschlange angepriesen, sodass der Käufer sich schon bald mit einer Reihe von Problemen konfrontiert sieht, die ihm beim Erwerb des Tiers nicht ersichtlich waren oder sogar bewusst verschwiegen wurden. Fast ausschließlich handelt es sich bei solchen „Problemschlangen" um Importtiere, deren mitunter beharrliche Futter-

Kopfporträt von *Python regius*. Foto: R. Bonke

Ein prachtvolles Terrarientier: der Königspython Foto: B. Love/Blue Chameleon Ventures

verweigerung den unerfahrenen Halter zur Verzweiflung treiben können.

Um Neueinsteigern der Königspythonhaltung diese Anfängerprobleme zu ersparen, aber auch um meine Erfahrungswerte mit fortgeschrittenen Haltern dieser Riesenschlange auszutauschen, möchte ich in diesem Buch meine persönlichen Kenntnisse aus Jahrzehnten der Haltung, Pflege und Zucht dieser interessanten Riesenschlange wiedergeben.

René Bonke

Die Nachzucht von Königspythons gelingt zum Glück inzwischen regelmäßig. Foto: R. Bonke

Systematik

DIE Pythons umfassen neben wahren „Giganten“ mit einer Maximallänge von über 9 m auch kleinere bis mittelgroße Arten, die den Namen „Riesenschlange“ erst auf den zweiten Blick verdienen. Zu diesen Arten zählt auch der Königspython (*Python regius*), der den kleinsten Vertreter dieser bislang insgesamt 10 Arten umfassenden Gattung repräsentiert (in jüngerer Zeit wurde die Gattung *Malayopython* mit zwei Arten ausgegliedert, dem Netzpython und dem Timorpython. Gemeinsam mit den Gattungen *Antaresia* (Südpythons), *Apodora* (Papuapythons), *Aspidites* (Schwarzkopfpythons), *Bothrochilus* (Zwergpythons), *Leiopython* (Weißlippenpythons), *Simalia* (Amethystpythons), *Liasis* (Wasserpythons) und *Morelia* (Rautenpythons) wird die Gattung *Python* zur Familie der Pythonidae zusammengefasst.

Beschreibung

PYTHON regius zählt sicherlich zu den attraktivsten und am häufigsten gehaltenen Schlangen innerhalb der Terraristik. Der muskulöse Körper dieser Schlange wirkt gedrungen und weist auf die bodenbewohnende Lebensweise hin. Wie für die meisten Vertreter der Gattung *Python* typisch, ist der Kopf deutlich vom Hals abgesetzt und verjüngt sich zum Bereich der Schnauze hin. Im Bereich der Oberlippenschilde und des Schnauzenschildes sind die zur Wärmewahrnehmung der Beute vorhandenen Labialgruben erkennbar. Die Grundfarbe von *Python regius* ist schwarz bis dunkelbraun und wird an den Flanken von alternierenden, helleren Flecken unterbrochen. Diese können mitunter auf der Rückenseite zu einem Band zusammenlaufen und sind oftmals von kleineren, schwarzen Flecken durchsetzt. Bei den meisten Individuen werden die seitlichen Fleckenbereiche durch eine weiße Trennlinie von der dunklen Grundfärbung abgegrenzt. Im

Königspythons werden im Terrarium nur in Ausnahmefällen länger als 150 cm.
Foto: B. Love/Blue Chameleon Ventures

Durchschnitt erreicht *Python regius* eine Gesamtlänge von 100–130 cm. Mitunter wird von Individuen von über 150 cm Gesamtlänge berichtet, solche Exemplare sind jedoch eine seltene Ausnahme. Aus diesem Grund sollte auch die in der Literatur vermerkte Maximallänge von 250 cm eher kritisch betrachtet werden.

WUSSTEN SIE SCHON?

Der schwedische Botaniker Carl Linnaeus, der 1756 zu Carl von Linné geadelt wurde, erfand die heute allgemeingültige wissenschaftliche Namensgebung für Arten. Diese Binäre Nomenklatur ordnet alle Arten durch einen großgeschrieben Gattungsnamen und einen kleingeschriebenen Artnamen in ein weltweit einheitliches System ein. Man kann sich dieses System analog zum menschlichen Familiennamen und dem Vornamen vorstellen, wobei sowohl dem Gattungs- als auch Artnamen eine Wortherkunft zugrunde liegt. „Python“ bezeichnet einen schlangenähnlichen Drachen der griechischen Mythologie, welcher das Orakel von Delphi bewachte und durch Apollon getötet wurde. Von dem lateinischen Wort „rex“ leitet sich der Artname *regius* für „königlich“ ab und erklärt den deutschen Namen Königspython.

Verbreitung und Lebensraum

DIE Verbreitung von *Python regius* erstreckt sich über weite Teile West- und Zentralafrikas. Hierbei beschränkt sich das gesicherte Vorkommen auf die Staaten Senegal, Gambia, Sierra Leone, Burkina Faso, Ghana, Togo, Benin, Nigeria, Kamerun, Uganda, Demokratische Republik Kongo sowie den Sudan und die Elfenbeinküste (KIRSCHNER & SEUFER 1999). Den Kernbiotop von *Python regius* bilden die trockene Sudan-Savanne sowie die feuchtere Guinea-Savanne. Auch in der feuchteren Guinea-Savanne ist er vorrangig an eher trockenen Standorten bzw. Versteckplätzen zu finden. Wie auch heute noch fälschlicherweise angenommen wird, handelt es sich bei dieser Riesenschlange nicht um einen typischen Bewohner des tropischen Regenwaldes. Nur in seltenen Fällen kann er in dessen Randbereichen aufgefunden werden. Geschlossene Waldformationen hingegen werden in der Regel gemieden.

Stellenweise ist *Python regius* in unmittelbarer Nähe von menschlichen Siedlungen zu finden. Als sogenannter Kulturfolger kann er von der Abholzung und Umwandlung des Regenwaldes in landwirtschaftlich genutzte Flächen profitieren. Diese Areale locken durch ihr übermäßiges Nahrungsangebot

Lebensweise und Verhalten

DIE gedrungene Körperform von *Python regius* weist auf seine bodenbewohnende Lebensweise hin. Als typischer Savannenbewohner ist er nur selten in niederem Baum- und Buschwerk aufzufinden. Jungtiere klettern aufgrund ihres geringen Körpergewichts weitaus häufiger. Auch bei adulten Exemplaren korreliert diese Verhaltensweise mit dem Körpergewicht. So sind nach LUISELLI & ANGELICI (1998) die meist schwereren Weibchen deutlich seltener in Bäumen zu finden.

Die Aktivitätsperiode von *Python regius* beginnt mit einsetzender Abenddämmerung und erstreckt sich bis in die frühen

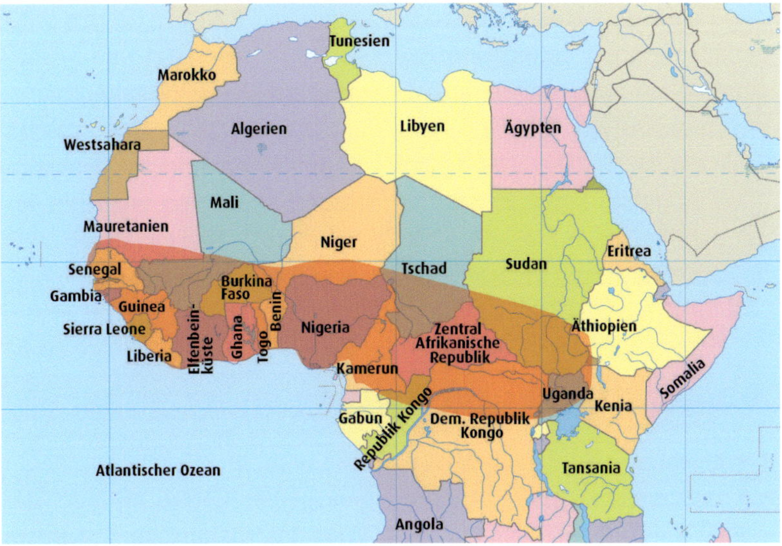

Ungefähres Verbreitungsgebiet des Königspythons

eine Vielzahl von Nagetieren an, welche wiederum die Nahrungsgrundlage von *Python regius* bilden und ihm zusätzliche Versteckmöglichkeiten in Form verlassener Nagetierbaue liefern.

Morgenstunden. Während dieser Phase begibt er sich aktiv auf Nahrungssuche oder lauert seiner Beute auf. Sein Beutespektrum umfasst Vögel und Kleinsäuger. Bevorzugt werden Nagetierbaue nach potentieller Beute abgesucht. Verlassene Bauten sowie Termitenhügel werden von *Python regius* als Versteckplätze genutzt, in denen er zurückgezogen den Tag verbringt. Diese Versteckplätze bilden durch ihre relativ konstante Temperatur und Luftfeuchtigkeit zudem bevorzugte Eiablageplätze.

Python regius zählt fraglos zu den friedfertigsten Schlangenarten. Nicht zuletzt deshalb behauptet er seit vielen Jahren seinen festen Platz innerhalb der Terraristik. Nur in Ausnahmefällen zeigen vereinzelte Exemplare ein aggressives Verhalten, welches bis hin zu einem Beißversuch in die Hand des Pflegers gehen kann. In der Regel verfolgt diese Riesenschlange ein Defensivverhalten, bei dem sie in einer typischen Abwehrhaltung ihren Körper zu einem Ball formt, in dessen Mitte der Kopf geschützt und verborgen liegt. Diese Verhaltensweise hat ihr sowohl im deutschsprachigen als auch im englischsprachigen Raum den weiteren Trivialnamen „Ballschlange“ bzw. „Ball Python“ beschert.

Grundsätzliches zur Haltung im Terrarium

Es zeichnet den verantwortungsvollen Halter einer jeden Tierart aus, sich bereits im Vorfeld ausgiebig mit den Bedürfnissen der zu pflegenden Art beschäftigt zu haben. So sollte auch *Python regius* unter keinen Umständen aus „einer Laune heraus“ den Weg ins heimische Wohnzimmer finden. Mit einem zu erreichenden Höchstalter von über 40 Jahren kann es sich bei der Anschaffung dieser Riesenschlange unter Umständen um eine

Auch wenn Königspythons massenhaft in unterschiedlichsten Farbformen gezüchtet werden, darf nicht vergessen werden, dass diese Schlangen ganz besondere Ansprüche stellen und eher nicht zu den einfachsten Terrarientieren gehören. Foto: B. Love/Blue Chameleon Ventures

Python regius **in Ballstellung. Scheint die Bedrohung vorüber, wird der Kopf vorsichtig aus den mittleren Körperschlingen gelockert.** Foto: R. Bonke

Entscheidung für das Leben handeln. Es bedarf also einer reiflichen Überlegung, ob man wirklich bereit ist, über einen derart langen Zeitraum die Pflege für ein solches Tier zu übernehmen und auch die anfallenden Kosten hierfür zu tragen. Hierbei sind neben Anschaffungskosten für Terrarium, Elektrik, Einrichtungsgegenstände und die Schlange selbst besonders die Unterhaltskosten für Strom, Futter und eventuelle Tierarztbesuche zu nennen. Sollte man alle diese Punkte für sich abgewogen haben, so steht einem mit *Python regius* ein interessanter und ausdauernder Pflegling ins Haus.

WUSSTEN SIE SCHON?

Mit mehr als 47,5 Jahren hält *Python regius* den Altersrekord unter allen rezenten (heute lebenden) Schlangenarten. Der Zoologische Garten von Philadelphia pflegte dieses Exemplar vom 26.04.1945 bis zum 07.10.1992. Zum Zeitpunkt des Erwerbs war diese „Rekordschlange“ bereits adult, was eine genaue Aussage zum erreichten Alter nicht möglich macht. Veranschlagt man aber eine realistische Zeitspanne von mindestens drei Jahren bis zum Erreichen der Geschlechtsreife in freier Wildbahn, so könnte diese Schlange durchaus ein Höchstalter von über 50 Jahren erlangt haben. Natürlich stellt dieses Fallbeispiel eine absolute Ausnahme dar. Allerdings verdeutlicht es die enorme Ausdauerfähigkeit von *Python regius* unter idealen Haltungsbedingungen.

Schutzstatus und gesetzliche Bestimmungen

DAS im Jahre 1975 international und 1976 in Deutschland in Kraft getretene Washingtoner Artenschutzübereinkommen CITES (Convention on International Trade in Endangered Species of Wild Fauna and Flora) überwacht und beschränkt den Handel wildlebender Tiere und Pflanzen. Seit 1984 wird das WA durch die EU-Artenschutzverordnung einheitlich und verbindlich in den Mitgliedsstaaten der Europäischen Union umgesetzt. Ab dem 1. Juni 1997 hat es grundlegende Veränderungen erfahren. So setzt das neue europäische Artenschutzrecht teilweise auch EU-Richtlinien um. Für *Python regius* bedeutet dies, dass sowohl Importtiere als auch Nachzuchten, welche nach dem 1. Juni 1997 erworben wurden, für Handel und Transport innerhalb der Europäischen Union keine CITES-Bescheinigung mehr benötigen. Nachzucht- und Importtiere, deren Herkunft vor dem 1. Juni 1997 belegt ist, dürfen aber auch weiterhin nur mit einer zuständigen CITES-Genehmigung ihren Abnehmer finden. Für Im- und Export aus der EU besteht nach wie vor eine Genehmigungspflicht. *Python regius* unterliegt seit dem Jahr 2005 nicht mehr einer Meldepflicht bei der zuständigen Landesbehörde, jedoch müssen Sie die Herkunft des Tiers eindeutig belegen können. Deshalb sollten Sie stets einen Zahlungsbeleg in Verbindung mit der Zolleinfuhrnummer bzw. einen eindeutigen Herkunftsnachweis des Züchters verlangen. Abschließend sei noch

Erwerb

BEIM Kauf von *Python regius* ist zwischen Wildfang, Farmzucht und „echter“ Nachzucht zu unterscheiden. Wie der Name schon sagt, handelt es sich bei Wildfängen um Tiere, die direkt aus der Natur im Ursprungsland entnommen und für den Export bereitgestellt werden. Hingegen werden bei Farmzuchten gezielt trächtige Weibchen abgefangen und bis zur Eiablage

Königspythons sind international über das Washingtoner Artenschutzabkommen geschützt; dennoch gelangen über Farmen nach wie vor große Mengen an Importtieren aus Afrika zu uns. Foto: B. Love/Blue Chameleon Ventures

kurz die Gesetzgebung auf Bundeslandebene erwähnt, nach welcher in einigen Bundesländern die nicht gewerbsmäßige Haltung eines gefährlichen Tieres einer wild lebenden Art verboten ist. Für bestimmte Bundesländer umfasst diese Regelung alle Vertreter der Gattung *Python* bzw. die gesamte Familie der Boidae (Riesenschlangen), sodass auch *Python regius* hiervon betroffen ist. Über Sinn und Unsinn dieser Gesetzgebung soll hier nicht diskutiert werden, jedoch steht fest, dass *Python regius* zweifelsohne nicht in der Lage ist, dem Menschen gefährlich zu werden. Informieren Sie sich deshalb bitte im Vorfeld, über die für Ihr Bundesland zutreffenden, gesetzlichen Bestimmungen (siehe „Weitere Informationen").

in speziell hierfür eingerichteten „Ranching-Farmen" gehalten.

„Echten" Nachzuchten, also Tieren mit nachweislicher Herkunft aus Vermehrung außerhalb des natürlichen Verbreitungsgebietes, ist stets der Vorrang zu geben. Die Gründe hierfür erklären sich wie folgt:

Wildfänge zeichnen sich als beharrliche Futterverweigerer aus, die sich ohne Probleme zu

Königspythons sind als Nachzuchttiere in allen erdenklichen Zeichnungsvarianten erhältlich. Foto: B. Love/Blue Chameleon Ventures

Tode hungern können. Auch bei Farmzuchten kann sich diese Problematik abzeichnen, und gemeinsam ist ihnen mit Wildfängen ein oftmals vielseitiges Sammelsurium an Innen- und Außenparasiten, wie Würmern, Zecken und Milben. Bei diesen ohnehin schon geschwächten Tieren ist durch zusätzlichen Transportstress und die häufig schlechte Unterbringung bei Zwischenhändlern eine Futterverweigerung vorprogrammiert, und nur in seltenen Fällen lassen sich solche Exemplare ohne größere Probleme eingewöhnen.

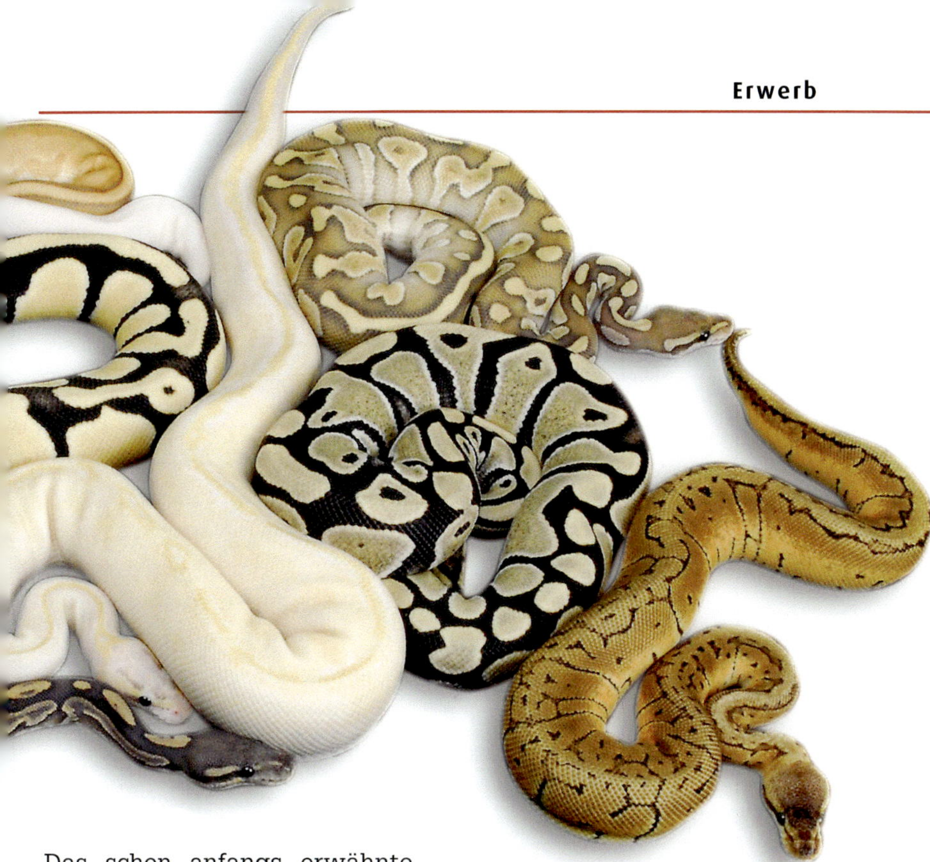

Das schon anfangs erwähnte „Ranching" von *Python regius* ist ein weiteres Argument, das gegen den Erwerb einer Farmzucht spricht. Auch wenn der Grundgedanke dieser Programme, *Python regius* nachhaltig zu nutzen, richtig erscheint, so sind die Folgen für Lokalpopulationen nur schwer abzuschätzen. Aufgrund der hohen Nachfrage erfolgt ein Absammeln der Tiere aus immer weiter entlegenen Gebieten. Sowohl aus logistischen als auch aus finanziellen Gründen werden gefangene Tiere jedoch nicht am ursprünglichen Fundort freigelassen, sondern in unmittelbarer Nähe der zu beliefernden Farmen. Die Entnahme trächtiger Weibchen führt also langfristig gesehen zu einer immer stärkeren Abschwächung bis hin zum völligen Verlust dieser Lokalpopulationen und ihrer genetischen Variabilität.

Der Erwerb von *Python regius* kann im Zoofachgeschäft, auf Reptilienbörsen oder aber direkt vom Privatzüchter erfolgen. Die ersten beiden Möglichkeiten erlauben es, verschiedene Angebote zu vergleichen und sich einen generellen Überblick zu verschaffen. Der private Züchter bietet jedoch den Vorteil, dass man sich die Haltungsbedingungen vor Ort genau anschauen kann und man auch nach dem Kauf immer ein offenes Ohr für weitere Fragen findet. Über das Internet (z. B. www.reptilia.de) lassen sich Adressen von Privatzüchtern in Erfahrung bringen, und Terraristik-Fachmagazine (z. B. REPTILIA) informieren über Termine von Reptilienbörsen. Unabhängig davon, woher man seinen neuen Pflegling nun erhält, sollten folgende Kriterien beim Kauf Beachtung finden:

- Die Lage der Schlange im Terrarium ist entscheidend. Niemals sollte *Python regius* ausgestreckt, sondern stets zusammengeknäult unter seinem Versteck bzw. in der Nähe einer Heizquelle liegen. Ein stetes Umherkriechen im Terrarium darf nur während der natürlichen Aktivitätsphase zu beobachten sein.
- Wenn die Schlange zur näheren Betrachtung in die Hand genommen wird, sollte sie durch intensives Züngeln ein gewisses Interesse an ihrer Umwelt zeigen. Auf keinen Fall darf das Tier lethargisch wirken.
- Arttypisch zeigen frisch importierte Wildfangtiere als auch frisch geschlüpfte Nachzuchten beim „Handling" eine defensive Ballstellung. Bei gut eingewöhnten Wildfängen und älteren Nachzuchten ist dieses Verhalten seltener zu beobachten. In beiden Fällen sollte bei einer näheren Betrachtung der gesamte Körper der Schlange einen kräftigen Musekeltonus (Spannungszustand) aufweisen. Hierbei ist besonders auf die Bauchseite zu achten. Diese muss sich bei Berührung mit den Fingern nach innen wölben. Eine schwammige Bauchseite kann auf eine Magen-Darminfektion hindeuten.
- Ausfluss oder verkrustete Beläge im Kloakenbereich gelten als weitere Anzeichen einer Störungen des Magen-Darm Traktes.
- Die Schlange sollte keine Häutungsreste aufweisen. Diese kennzeichnen eine allgemein zu trockene Haltung. Achten Sie hierbei besonders auf die Augenpartie, die

Schwanzspitze und die Aftersporne.

- Weder Rippen noch Wirbelsäule der Schlange dürfen sichtbar oder leicht zu ertasten sein. Auch darf die Haut nicht faltig erscheinen. Diese Merkmale sind Anzeichen für eine Unterernährung.
- Liegt die Schlange mit leicht geöffnetem Maul im Terrarium und lässt deutliche Atemgeräusche erkennen, deutet dies auf eine Lungenentzündung hin. Begleitet werden diese Symptome oftmals durch einen aufgeblähten, kropfähnlichen Halsbereich und schleimigen Ausfluss im Mund- und Nasenbereich.
- Die Schlange sollte frei von Ektoparasiten (Außenparasiten) wie Zecken und Milben sein.
- Achten Sie auf die generelle Beschaffenheit der Pholidose (Beschuppung). Sichtbare Verbrennungen, offene Wunden oder aber „ausgefranste" Bauchschuppen sind klare Anzeichen für eine unzulängliche Haltung.
- Die Bewegungen der Schlange müssen kontrolliert erscheinen. Kopfzittern, Desorientierung, ein Ausbleiben des Umkehrreflexes aus der Rückenlage und das charakteristische „Sternenstarren" (aufgerichteter Vorderkörper mit nach oben gestrecktem und leicht nach hinten gebogenem Kopf) sind Symptome für IBD (Inclusion body disease) oder umgangssprachlich „Schlangenaids".
- Probleme mit der Respiration und Entzündungen der Maulschleimhaut können auf Lungenentzündungen und Magen-Darm-Probleme hinweisen, die u. a. durch Nidoviren verursacht werden.

Sind alle die gelisteten Punkte bei der Begutachtung der Schlange berücksichtigt worden und besteht nun ein „ernsthaftes" Kaufinteresse, so bitten Sie den Verkäufer, abschließend mit einem flachen, stumpfen Gegenstand dem Python das Maul zu öffnen. Achten Sie auf blutige, eitrige oder verkrustete Beläge im Mund- und Rachenraum, die auf eine beginnende oder fortgeschrittene Stomatitis (Mundfäule) hinweisen. Ich habe diesen Punkt bewusst zum Schluss erwähnt, da diese Vorgehensweise immer einen zusätzlichen Stressfaktor für das Tier bedeutet.

Transport

DER Transport von *Python regius* erfolgt in einem Stoffbeutel und einer thermostabilen Transportbox. Bestens geeignet sind hierfür Kisten aus Polystyrol (Styropor) oder expandiertem Polypropylen (EPP). Letztere besitzen bessere Isolierungseigenschaften, sind bruchstabiler und langlebiger, jedoch in der Anschaffung teurer als eine einfache Styroporbox. Bei längeren Transporten mit für *Python regius* kritischen Außentemperaturen empfiehlt es sich aber, auf eine Transportbox aus EPP zurückzugreifen. Beim „Verstauen" der Schlange ist auf offenliegende Nähte im Inneren des Stoffbeutels zu achten, in denen sich die Schlange verfangen könnte. Aus diesem Grund sollte der Beutel auf „links" gedreht werden, um ein Verletzungsrisiko von vornherein auszuschließen. Ein zusätzliches „Heatpack" darf bei sehr niedrigen Außentempera-

Quarantäne

JEDER Neuzugang von *Python regius* ist einer strengen Quarantäne zu unterziehen. Nur so können eine mögliche Ansteckungsgefahr auf bereits im Bestand befindliche Tiere verhindert und verhaltensauffällige Muster frühzeitig gedeutet werden. Die Einrichtung des Terrariums ist deshalb zu Beginn so steril wie möglich zu wählen. Auf ein Einbringen von Gegenständen wie Kletteräste, Wurzeln oder Korkrückwände ist gänzlich zu verzichten, da diese als „Brutstätte" verschiedener Ektoparasiten wie Zecken oder Milben fungieren können. Als Bodengrund bieten sich Küchenfließ oder einfaches Zeitungspapier an. Dieser Bodengrund ist leicht zu reinigen, kann bei Verschmutzung schnell ausgetauscht werden und lässt einen möglichen Milbenbefall frühzeitig erkennen. Ein dunkles Versteck und ein Trinkgefäß vervollständigen während der Quarantänephase die Einrichtung.

Das Gewicht der Schlange ist in regelmäßigen Abständen zu

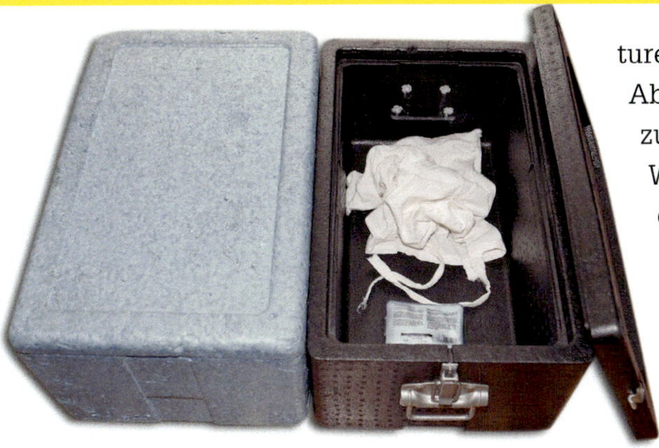

Transportkisten aus Stryropor (links) bzw. EPP (rechts). Für den sicheren Transport wird zusätzlich ein Stoffbeutel und bei kalten Außentemperaturen ein „heat pack" verwendet.
Foto: R. Bonke

turen nicht fehlen. Abhängig von der zurückzulegenden Wegstrecke ist der Allgemeinzustand des Pythons (Unterkühlung, Überhitzung, Sauerstoffzufuhr) innerhalb der Transportbox regelmäßig zu kontrollieren.

kontrollieren, und abgesetzter Kot ist auf seine Konsistenz zu untersuchen. Dieser sollte niemals übermäßig streng riechen oder gar eine schleimige Konsistenz aufweisen. Auch wenn die Schlange keinerlei Krankheitssymptome zeigt, bleiben regelmäßige Kotuntersuchungen unumgänglich. Hierzu werden frische Kotproben an ein spezialisiertes Diagnoselabor (siehe „Weitere Informationen") bzw. einen reptilienkundigen Veterinärmediziner (Liste unter www.dght.de) eingeschickt.

Erst wenn nach mehreren Kotanalysen ein Befund auf Ektoparasiten negativ bleibt und die Schlange auch keinerlei äußerliche Krankheitsanzeichen zeigt, kann die Quarantänephase beendet werden. Insgesamt gilt es, *Python regius* während dieser Phase so viel Ruhe wie möglich zukommen zu lassen und den Stressfaktor für das Tier somit auf ein Minimum zu reduzieren. Die Dauer der Quarantäne sollte mindestens sechs bis zwölf Wochen umfassen.

Das Terrarium

FÜR die Haltung von *Python regius* haben sich Terrarien aus Glas, Holz, Kunststoff oder aber Aluminium-Stecksysteme in Kombination mit den genannten Materialien bewährt. Glas- und Kunststoffterrarien sind langlebig, leicht zu reinigen und werden in unterschiedlichen Standardmaßen beim Händler oder aber auf Reptilienbörsen angeboten. Erstere bilden mit ihrem günstigen Anschaffungspreis die eigentlichen Einsteigerterrarien. Letztere sind in der Anschaffung teurer, weisen jedoch aufgrund ihrer Materialbeschaffenheit eine gute Wärmeisolierung auf und „verzeihen" durch ihre Bruchstabilität auch Stöße beim Transport oder ein „Anecken" an der Wohnungstür. Möchte man sich bei der Planung seines Terrariums allerdings nicht auf vorgegebene Herstellermaße beschränken und lieber seine eigenen Vorstellungen umsetzen, sind Aluminium-Stecksystem-Terrarien bzw. Holzterrarien das Mittel der Wahl. Es ist zwar möglich, bei Terrarienherstellern Sondermaße anzufordern, in aller Regel rechnet sich der finanzielle Mehraufwand jedoch nicht. Für den Bau von Holzterrarien sollte auf OSB-Platten (Grobspanplatten) oder Multiplex-Platten (Siebdruckplatten) zurückgegriffen werden. Auch bei einem Aluminium-Stecksystem können diese Mehrschichtplatten als Boden-, Seiten- und Rückwandverkleidung als Alternative zu Glas Verwendung finden. Der robuste Charakter dieser Platten, kombiniert mit ihren ausgezeichneten Isolierungseigenschaften, macht sie für den Terrarienbau ideal. Allerdings sind OSB-Platten vor der Anschaffung auf ihren Formaldehyd-Anteil zu überprüfen und sollten zusätzlich mit Epoxidharz gegen Feuchtigkeit versiegelt werden. Multiplex-Platten können ohne weitere Behandlung direkt verbaut werden und sind nahezu unverwüstlich. Der verhältnismäßig teure Anschaffungspreis dieses Materials macht sie aber besonders bei der Konzeption größerer Anlagen für viele Terrarianer uninteressant.

Terrarium zur Haltung von *Python regius* Foto: R. Bonke

Königspythons wurden früher oft nicht nur kurze Zeit, wie hier zur Paarung, sondern auch langfristig in sogenannten Racks gehalten; dies gilt heute als tierschutzwidrig.
Foto: B. Love/Blue Chameleon Ventures

Behältergröße

Zur Behältergröße von *Python regius* gibt es sicherlich unterschiedliche Auffassungen unter Terrarianern. Durch das „Gutachten über die Mindestanforderungen an die Haltung von Reptilien" des BUNDESMINISTERIUMS FÜR ERNÄHRUNG, LANDWIRTSCHAFT UND FORSTEN vom 10. Januar 1997 ist die Mindestgröße des Terrariums jedoch klar definiert. Hierbei wird die Gesamtlänge, bezogen auf zwei adulte Exemplare von *Python regius*, mit den Faktoren 1,0 (Länge) x 0,5 (Breite) x 0,75 (Höhe) multipliziert. Für jedes weitere ins Terrarium eingesetzte Individuum sollen 20 % des errechneten Behältervolumens hinzukommen. Bei einer Durchschnittslänge von 120 cm würde sich also ein Mindestmaß von 120 x 60 x 90 cm (L x B x H) ergeben. Der Grundfläche des Terrariums sind eigentlich keine Grenzen gesetzt, da *Python regius* während seiner Aktivitätsphase das Platzangebot seiner Behausung in vollem Maße nutzt. Lediglich die Terrarienhöhe sollte man auf maximal 100 cm begrenzen, um Sturzverletzungen aufgrund der geringen Kletterfähigkeiten adulter Königspythons auszuschließen.

Belüftung

Um Staunässe und eine damit einhergehende Schimmelbildung zu vermeiden, ist für eine ausreichende Belüftung zu sorgen. Auch eine mögliche Überhitzung des Terrariums infolge der Umgebungstemperatur oder eines defekten Thermostats muss von Beginn an verhindert werden. Die oftmals von Terraristik-Einsteigern erwogene Idee, doch einfach

Ein großflächiges Lüftungsgitter aus Fliegendraht gewährleistet eine ausreichende Belüftung. Handelsübliche Leuchten werden zur Beleuchtung auf das Gitter aufgelegt. Foto: R. Bonke

Mit Hilfe von Feuchtraumpanelen kann die Belüftungsfläche partiell abgedeckt werden. Hierdurch wird die Luftfeuchtigkeit im Inneren des Terrariums erhöht. Foto: R. Bonke

ein ausgedientes Aquarium für die Haltung von *Python regius* umzufunktionieren, ist nicht praktikabel. Eine adäquate Luftzirkulation wird durch Belüftungsgitter aus Fliegendraht oder Alulochblechen im Front- oder Seitenbereich sowie der Decke des Terrariums gewährleistet. Eigenbauterrarien können alternativ auch mit Möbellüftungen versehen werden. In Terrarienräumen, die stark jahreszeitlichen Temperaturschwankungen unterliegen, bietet es sich an, den Lüftungsbereich der Decke verhältnismäßig großzügig zu wählen. Durch Abdecken der Lüftungsfläche mit ausreichend großen Plexiglasstücken oder Feuchtraumpanelen ist somit eine zusätzliche Anpassung von Temperatur und Luftfeuchtigkeit möglich.

Beleuchtung

Durch seine dämmerungs- und nachtaktive Lebensweise stellt *Python regius* keine besonderen Ansprüche an die Beleuchtung. Diese dient vielmehr einer Simulation des natürlichen Tag-Nacht-Rhythmus und wird jahreszeitlich bedingt angepasst. Handelsübliche Leuchten, die in Standardfassungen dem Terrarium aufliegen, sind als Lichtquelle völlig ausreichend. Eine Installation der Leuchtmittel im Inneren des Terrariums ist nicht empfehlenswert, da sich *Python regius* zwischen Leuchten und Fassung quetschen und diese zerbrechen

Luftfeuchte und Temperatur im Terrarium bzw. im Inneren des Verstecks sollten vor dem Einsetzen und regelmäßig während der Haltung kontrolliert werden. Foto: R. Bonke

kann. Zudem ist eine Kurzschlussgefahr durch das allabendliche Besprühen des Terrariums nicht auszuschließen. Eine relativ naturnahe Beleuchtung wird über Leuchtmittel mit einer Farbtemperatur von 6.500 Kelvin erreicht. Die Beleuchtungsdauer sollte ca. 12 Stunden betragen. Eine UV-Bestrahlung ist bei *Python regius* nicht notwendig.

Heizung

Als Heizung kommen Heizkabel, Heizmatten, Spotstrahler und Infrarotstrahler in Frage. Der Einsatz von Infrarot- und Spotstrahlern ist nur in größeren Terrarien, die sich aufgrund ihres Gesamtvolumens nicht auf die Vorzugstemperaturen von *Python regius* bringen lassen, sinnvoll. Für kleinere bis mittelgroße Terrarien eignen sich eher Heizkabel und Heizmatten. Letztere erzeugen im Vergleich eine einheitlichere Wärmeabgabe und sind in aller Regel auch langlebiger. Grundsätzlich sind alle Elemente so zu installieren, dass ein Verbrennungsrisiko für die Schlange ausgeschlossen ist. Dieses gilt im besonderen Maße für Strahler; sie sind mit einem zusätzlichen Metallkorb abzuschirmen. Unabhängig von der Art der Beheizung sollte diese über maximal ein Drittel der Terrarienfläche erfolgen. Hierdurch werden unterschiedliche Temperaturzonen geschaffen, die es *Python regius* ermöglichen, seinen Präferenzbereich aufzusuchen. Durch den Einsatz eines Thermostats ist eine stetige Temperaturkontrolle möglich.

Geeigneter Standort

Der Standort des Terrariums sollte *Python regius* ein Höchstmaß an Ruhe gewährleisten. Ideal ist ein gesonderter Terrarienraum. Dieser kann über die Zentralheizung der Wohnung bzw. des Hauses an den jahreszeitlichen Temperaturzyklus von *Python regius* angepasst werden. Auf keinen Fall darf das Terrarium direkter Sonneneinstrahlung ausgesetzt sein, was im Sommer zu einer Überhitzung führen kann. Ein Platz in unmittelbarer Fensternähe hingegen ist bei einer Durchlüftung des Terrarienraums mit der Gefahr von Atemwegserkrankungen verbunden.

Terrarienklima

Als Bewohner tropischer Klimate benötigt *Python regius* konstant hohe Temperaturen und eine hohe relative Luftfeuchte. Das Klima seines Ursprungsgebietes ist geprägt durch eine warme, regenreiche Feuchtperiode im Wechsel mit einer kühleren Trockenperiode. Entscheidend für die artgerechte Haltung sowie die erfolgreiche Zucht von *Python regius* ist die Simulation dieser Klimaparameter im Terrarium. Die Temperatur sollte tagsüber ca. 30–32 °C betragen, mit lokalen Wärmespots bis ca. 35 °C. Mit Einsetzen der Dämmerung, sprich mit dem Ausschalten der Terrarienbeleuchtung, werden diese Werte auf ca. 24–26 °C abgesenkt. Die Spanne dieses Temperaturbereichs bezieht sich auf die eigentliche Aktivitätsphase von *Python regius* während der Feuchtperiode. Mit Beginn der Ruheperiode, die sich ungefähr von November bis Februar erstreckt, werden die Tagestemperaturen um wenige Grad herabgesetzt, bei einer Nachttemperatur von ca. 20 °C. Diese Phase geht mit einer verhältnismäßig trockenen Haltung einher, und ein Besprühen des Terrariums erfolgt nur noch sporadisch. Eine zu hohe Luftfeuchtigkeit bei abgesenkter Nachttemperatur ist mit der Gefahr von Atemwegsinfektionen verbunden. Lediglich während der Häutung sollte ein etwas feuchterer Unterschlupf oder eine Wetbox zur Verfügung gestellt werden. Außerhalb der Trockenperiode wird die Luftfeuchtigkeit durch ausgiebiges Besprühen mit lauwarmen Wasser am Abend auf 80–90 % erhöht. Über Nacht muss das Terrarium vollständig abtrocknen können, sodass sich die Luftfeuchtigkeitswerte auf ca. 60–70 % am Tage reduzieren. Zu jedem Zeitpunkt jedoch muss es der Schlange möglich sein, trockene Bereiche im Terrarium aufzusuchen.

Terrarieneinrichtung

FOLGENDE Bodensubstrate sind für die Haltung von *Python regius* geeignet: Rindenmulch, Pinienrinde, Torferde, Kleintier- und Espeneinstreu, Hanfstreu, Kokoshumus und Zeitungspapier. Bei der Wahl des Bodengrunds gilt es, den Spagat zwischen bestmöglichen Substrateigenschaften und optischen Kriterien zu finden. So bietet z. B Zeitungspapier ideale Hygienebedingungen, ist jedoch visuell alles andere als ansprechend. Im umgekehrten Fall lässt sich durch Torferde ein naturnaher Eindruck schaffen, allerdings bildet diese auch ein ideales Nährmedium für Schädlinge und Mikroorganismen. Das ausgewählte Substrat sollte einerseits gut Feuchtigkeit aufnehmen und speichern, andererseits muss es nach dem Übersprühen innerhalb weniger Stunden wieder abtrocknen, damit ein Nassliegen der Schlange und damit die Gefahr einer Pilzinfektion verhindert wird. Bei mir hat sich unbehandelte Pinienrinde mit einer Körnung von 7–15 mm bewährt. Neben ihrem natürlichen Aussehen gewährleistet die lockere Struktur der Rinde eine optimale Belüftung der Oberfläche. Alle zur Wahl stehenden Substrattypen sind vorher auf mögliche Giftstoffe zu überprüfen. Völlig ungeeignet sind Sand oder Sand-Kies-Gemische, welche zu Verletzungen der Ventralia (Bauchschuppen) führen. Auch Buchenspäne sind in meinen Augen eine ungeeignete Lösung, da sie zur Schimmelbildung neigen und ein Gesundheitsrisiko durch versehentliches Verschlucken bei der Fütterung nicht auszuschließen ist.

DER PRAXISTIPP

Sollten Sie sich für Erde- oder Erde-Mulch-Gemische als Bodengrund entscheiden, ist es ratsam, diese vor ihrer Verwendung im Backofen oder der Mikrowelle zu desinfizieren. Hierzu wird das Substrat auf ein Backblech gegeben und bei ca. 200 °C für 10-15 Minuten im Backofen belassen. Für die Desinfektion mithilfe einer Mikrowelle sind 2-3 Minuten in geeigneten Behältnissen ausreichend. Falls notwendig, wird das Substrat im Anschluss nachbefeuchtet. Bereits im Vorfeld werden mit dieser Methode mögliche Schädlinge und Mikroorganismen effektiv abgetötet.

Seiten- und Rückwandgestaltung

Je nach verwendetem Terrarientyp ist das Einbringen einer Seiten- und Rückwandverkleidung sinnvoll. Um *Python regius* gegen störende Bewegungsabläufe außerhalb des Terrariums abzuschirmen, sollte es nur von einer Seite einsehbar sein. Deshalb darf eine Seiten- und Rückwandverkleidung bei Glasterrarien nicht fehlen. Diese bietet auch den Vorteil einer zusätzlichen Wärmeisolierung und ermöglicht die sichere Verankerung verschiedener Klettermöglichkeiten. Zu diesem Zweck sind Zierkork- bzw. Schwarzkorkplatten bestens geeignet. Erstere sind teurer in der Anschaffung, zeichnen sich jedoch durch eine längere Lebensdauer sowie einen höheren Dekorationswert aus. Der brüchige Materialcharakter von Schwarzkorkplatten hingegen macht sie zum Mittel zweiter Wahl. Beiden Varianten gemein ist eine gewisse Feuchtigkeitsspeicherung nach dem Besprühen, was sich vorteilhaft auf das Terrarienklima auswirkt. Für den sicheren Halt schwerer Kletteräste können mit einem scharfen Messer Aussparungen in die Platten geschnitten werden. Eine dreidimensionale Rückwandoptik erreicht man durch naturgetreue Felswand-

Aus Styropor und Fliesenkleber modellierte Felsaufbauten als Möglichkeit der Rückwandgestaltung Foto: R. Bonke

nachbildungen aus Polyurethan-Mischungen bzw. GFK (Glasfaserverstärkter Kunststoff). Diese werden im Handel angeboten und können je nach Qualitätsmerkmalen schnell den Anschaffungspreis eines Standardterrariums übersteigen. Aus diesem Grund sind sie eher für Schauanlagen als für den Privathalter zu empfehlen. Es bietet sich jedoch die Möglichkeit, Felsaufbauten nach eigenen Vorstellungen aus Styropor, Fliesenkleber und Epoxydharz zu modellieren. Anleitungen finden Sie beispielsweise im Buch „Terrarieneinrichtung" (Wilms 2004). Bei Holz- und Kunststoffterrarien kann aufgrund der Materialbeschaffenheit auf eine Seiten- und Rückwandverkleidung verzichtet werden.

DER PRAXISTIPP

Bei Terrarien, deren Abmessungen nur geringfügig über denen der Mindestanforderungen liegen, kann durch Anbringen von Ablagen aus Kunststoff oder feuchtigkeitsbeständigem Holz die nutzbare Grundfläche vergrößert werden. Zur Befestigung der Ablagen eignen sich Winkelstücke aus Aluminium oder anderen nicht rostenden Materialien. Durch einfache Verschraubungen oder mit Hilfe von ungiftigem Aquariensilikon ist eine Fixierung der Winkelstücke an Rückwand und Seitenwänden des Terrariums möglich. Versiegeln Sie anschließend die Schraubenköpfe sowie scharfe Kanten der Winkelstücke zusätzlich mit Silikon und stellen Sie sicher, dass die Ablagen das Gewicht der Schlangen tragen. Besonders bei der Haltung mehrerer Exemplare von *Python regius* in einem Terrarium haben sich derartige Plattformen als ergänzende Klettermöglichkeiten bzw. Ruheplätze bewährt.

Versteck- und Klettermöglichkeiten

Verschiedene Versteckmöglichkeiten, die in unterschiedlichen Temperaturzonen des Terrariums bereitgestellt werden, bilden den wohl wichtigsten Einrichtungsgegenstand. Die Materialbeschaffenheit des Verstecks spielt eine eher untergeordnete Rolle, wichtig ist nur, dass es resistent gegen Feuchtigkeit und somit auch unanfällig für Schimmelbildung ist. Außerdem muss das Versteck zu jedem Zeitpunkt zugänglich sein, und die Schlange darf keine Möglichkeit finden, sich im Inneren festzuklemmen. Bewährt haben sich halbierte Korkeichen-Röhren, verschiedene Kunststoffbehälter oder aber selbst angefertigte Schlupfkästen. Mikroklimate, wie sie in verlassenen Nagetierbauen oder Termitenhügeln herrschen, lassen sich gut durch umgedrehte, konisch zulaufende Tontöpfe nachahmen. Hierfür wird mit einem Hammer das Drainageloch in dem Maße vergrößert, dass dessen Durchmesser nur unwesentlich über dem Körperumfang der Schlange liegt. Allerdings muss der Körperumfang von *Python regius* auch nach dem Verschlingen größerer Beutetiere einkalkuliert werden, damit ein ungehindertes Aufsuchen und Verlassen des Verstecks gewährleistet ist. In Verbindung mit einem Thermostat können somit im Inneren des Verstecks Luftfeuchtigkeit und Temperatur über lange Zeit auf einem konstanten Niveau gehalten werden. Derartige Rückzugsmöglichkeiten sind zur Minimierung von Stressfaktoren für *Python regius* essentiell. Als Klettermöglichkeiten bieten sich Äste unterschiedlicher Stärken an. Diese sollten an Größe und Gewicht der Schlange angepasst

Umgedrehte Tontöpfe mit vergrößertem Drainageloch sind als Versteckplatz von *Python regius* ideal. Foto: R. Bonke

Klettermöglichkeit für *Python regius* Foto: R. Bonke

sein und sind im Vorfeld auf Schädlinge zu kontrollieren. Eine Desinfektion der Äste im Backofen oder der Mikrowelle ist aufgrund ihrer Größe nur schwer realisierbar. Allerdings können diese in luftdicht verschlossenen Müllbeuteln mit einem Insektizid behandelt werden. Hierbei ist Vorsicht bei Insektiziden mit Depotwirkung geboten, welche zu Vergiftungserscheinungen führen können. Deshalb sollten behandelte Kletteräste für einige Tage an der frischen Luft ausdünsten. Durch die eher gering ausgeprägten Kletterfähigkeiten von *Python regius* ist die Höhe der Äste auf 70–80 cm zu begrenzen. Anderenfalls wäre die Gefahr von inneren Verletzungen und Rippenfrakturen durch Stürze gegeben.

Wasserbecken

Ein an die Größe der Schlange angepasstes Wasserbecken darf im Terrarium nicht fehlen. Obwohl die verhornte Epidermis (Oberhaut) von Reptilien einen effektiven Schutz gegen Dehydration (Austrocknung) bietet, unterschätzen viele Reptilienhalter die Problematik einer unzureichenden Wasserversorgung und den hieraus resultierenden Folgeerkrankungen. Stellen Sie also sicher, dass *Python regius* zu jedem Zeitpunkt einen Zugang zu Frischwasser hat. Glasierte Tonschalen sind zu diesem Zweck ideal. Sie sind bei Verschmutzung leicht zu reinigen und können durch ihr Eigengewicht nur schwer im Terrarium verschoben bzw. umgeworfen werden. Das Wasserbecken wird fast ausschließlich zum Trinken aufgesucht und dient sekundär als Bademöglichkeit. Königspythons baden jedoch nur bei einer zu trockenen Haltung, kurz vor der Häutung oder bei einem Befall durch Ektoparasiten (Zecken und Milben). Aus letztgenanntem Grund bieten sich besonders helle Gefäße an, da sie einen Schädlingsbefall durch dunkle Punkte am Bodengrund frühzeitig erkennen lassen. Zur Erhöhung der relativen Luftfeuchtigkeit sollte das Wasserbecken durch eine Heizquelle von unten temperiert werden. Ein Wasserwechsel erfolgt täglich.

Bepflanzung

Sicherlich stellt die Bepflanzung des Terrariums eine optische Bereicherung dar und wirkt sich positiv auf das Klima aus. Aus den folgenden Gründen ist jedoch ein Besatz mit echten Pflanzen als kritisch zu betrachten. Sind Arten wie die Birkenfeige (*Ficus bejamina*) oder aber verschiedene Vertreter der Efeututen (*Epipremnum* spp.) noch in der Lage, das Gewicht junger Königspythons zu tragen, so können sie langfristig betrachtet adulten Exemplaren nicht standhalten. Zudem kann das Pflanzensubstrat als Nährmedium diverser Schädlinge dienen. Als Beispiel sei hier ein Befall durch die Schlangenmilbe (*Ophionyssus natricis*) aufgeführt, welche unter dem ohnehin schon feucht-warmen Terrarienklima ideale Vermehrungsbedingungen vorfindet. Es ist also ratsam, gänzlich auf Pflanzen zu verzichten oder aber auf Imitate aus Kunststoff zurückzugreifen.

Kunstoffpflanzen bieten eine gute Alternative zur natürlichen Bepflanzung von Königspythonterrarien. Foto: R. Bonke

Pflegearbeiten und Terrarienreinigung

DAS Maß der regelmäßigen Pflegearbeiten hängt vom Alter der Schlange sowie der zu simulierenden Klimaperiode ab. Besonders Jungtiere von *Python regius* reagieren empfindlich auf eine zu trockene Haltung. Bodensubstratfeuchte und Luftfeuchtigkeit sind hier täglich zu kontrollieren. Adulte Königspythons hingegen dulden über einen gewissen Zeitraum ein trockenes Klima und benötigen es sogar zur Paarungsstimulation. Dies soll jedoch nicht den Eindruck erwecken, dass eine Überwachung dieser Parameter vernachlässigbar wäre, lediglich die Kontrollintervalle können großzügiger gewählt werden. Außerhalb der Ruheperiode wird das Terrarium allabendlich mit Wasser ausgesprüht. Unerlässlich ist auch eine regelmäßige Überprüfung der Terrarientechnik mit besonderem Augenmerk auf Funktionalität des Thermostats. Das Trink- und Badegefäß sollte täglich aus dem Terrarium entfernt, gereinigt und mit Frischwasser befüllt werden. Bei starken Verschmutzungen, etwa wenn *Python regius* Kot- oder Harnstein in das Wasser absetzt, wird eine gründliche Reinigung des Gefäßes mit kochendem Wasser notwendig. Je nach Größe des Terrariums und Königspythonbesatz erfolgt ein Austausch des gesamten Bodensubstrats nach zwei bis vier Monaten.

Beutespektrum und Fütterung

DAS Thema Fütterung stellt sicherlich einen der heikelsten Punkte bei der Haltung von *Python regius* dar. In aller Regel nehmen Nachzuchten sowie eingewöhnte Wildfang- und Farmzuchttiere bereitwillig eine breite Palette von Futtertieren an. Auch lassen sich solche Individuen bis auf wenige Ausnahmen ohne größere Probleme an tote Beutetiere gewöhnen. Ein völlig anderes Fressverhalten können noch nicht akklimatisierte, also noch nicht an die Terrarienhaltung angepasste Importtiere aufzeigen. Derartige,

Während der Häutung sucht *Python regius* teilweise das Wasserbecken auf. Foto: R. Bonke

wie schon im einleitenden Teil dieses Buches erwähnte, „Problemschlangen" können ausdauernd jegliche vorgesetzte Beute verweigern. Während bei gut genährten, adulten Exemplaren solch eine „Fresssperre" über einen längeren Zeitraum ohne ein gesundheitliches Risiko tolerierbar ist, kann sich ein entsprechender Zustand bei Jungtieren schnell zu einer lebensbedrohlichen Situation entwickeln. Diese bedingt dann fast ausnahmslos eine Zwangsfütterung, auf welche zu einem späteren Zeitpunkt noch gesondert eingegangen wird.

Hat *Python regius* seine Beute erspäht, bringt er sein vorderes Körperdrittel in eine S-Haltung, um dann blitzschnell zuzustoßen. Foto: R. Bonke

Python regius besitzt in freier Wildbahn ein relativ breites Beutespektrum diverser Vogel- und Säugetierarten. Eine genaue Artauflistung findet sich in Kirschner & Seufer (1999). In Menschenobhut umfasst das Nahrungsangebot hauptsächlich Labormäuse (*Mus musculus*) und Laborratten (*Rattus norvegicus*). Seltener werden Vielzitzenmäuse (*Mastomys* sp.), Mongolische Wüstenrennmäuse (*Meriones unguiculatus*), Vertreter der Unterfamilie der Hamster (Cricetinae) und Vögel (Aves) als Beutetiere gereicht. Zur Fütterung sollte *Python regius* stets von Artgenossen getrennt werden, da sich gemeinschaftlich gehaltene Tiere in ein und dasselbe Futtertier verbeißen und ernsthaft verletzen können. Empfehlenswert sind hierfür hochwandige Kunststoffboxen oder selbst angefertigte Holzkisten. Bedingt durch die dämmerungs- und

Die Beute wird im Anschluss mit dem Kopf voran verschlungen. Foto: R. Bonke

nachtaktive Lebensweise von *Python regius* sind Fütterungsversuche erst nach Abschalten der Terrarienbeleuchtung empfehlenswert. Gut eingewöhnte Tiere nehmen aber auch bereitwillig zu jeder anderen Tageszeit Futter an. Die Verfütterung lebender Beute setzt immer eine Beaufsichtigung der Schlange voraus. Besondere Vorsicht ist bei sehr wehrhafter Beute, wie etwa größeren Ratten, geboten. Generell ist die Futtertiergröße eher kleiner als zu groß zu wählen. Niemals dürfen lebende Beutetiere über Nacht im Terrarium oder der Futterbox belassen werden. Bei einer bevorstehenden Häutung oder sich in der Häutung befindlichen Tieren wird die Fütterung ausgesetzt. Ein Häutungszyklus kündigt sich durch ein Verblassen des Schuppenkleides, sich rosafärbende Bauchschuppen und im späteren Verlauf durch eine Trübung der Augen an.

Fütterungsintervalle

Wie alle Riesenschlangen ist auch *Python regius* ein typischer Lauerjäger. Die Nahrungsaufnahme erfolgt in freier Wildbahn also sporadisch, sodass an dieser Stelle auf genaue Angaben zu Futtermenge und Fütterungsintervallen verzichtet wird. Allerdings soll ein ungefährer Richtwert angegeben werden, welcher je nach Alter, Größe und Gewicht der Schlange gewisse Abweichungen erlaubt. Durch ihre höhere Stoffwechselrate müssen Schlüpflinge und Jungtiere natürlich häufiger gefüttert werden als ausgewachsene Individuen. In den ersten Lebenswochen sollte *Python regius* deshalb ca. alle 5–7 Tage Nahrung angeboten werden. Dieses Intervall ist bis zu einem Alter von ungefähr sechs Monaten beizubehalten. Bei halbwüchsigen Tieren ist eine Fütterung im Abstand von 7–10 Tagen ausreichend. Ausgewachsene Exemplare hingegen benötigen nur noch alle 2–3 Wochen Nahrung. Wie bereits erwähnt, dürfen diese Abstände aber gewissen Schwankungen unterliegen. So stellen die Männchen oftmals während der Paarungsphase die Nahrungsaufnahme ein, und auch trächtige Weibchen nehmen im fortgeschrittenem Stadium der Gravidität (Trächtigkeit) keine Beute mehr an. Sind aber keinerlei Anzeichen einer Abmagerung erkennbar, zu deuten an einer faltigen Haut und sichtbaren Rippenbögen, so ist dieser Zustand als nicht bedrohlich einzustufen. Ist man diesbezüglich unsicher, sollte aber immer ein reptilienkundiger Tierarzt konsultiert werden.

Vitamine

Über den Einsatz von Vitaminen bei der Schlangenhaltung gibt es unterschiedliche Meinungen. Verzichten einige Halter gänzlich auf zusätzliche Vitamingaben, so erachten andere diese, in besonderer Betrachtung der Reproduktionsfähigkeit, als essentiell. Eine zusätzliche Vitaminversorgung bei trächtigen Schlangen kann Sinn ergeben. Genaue Angaben zu Dosierungen können aber nicht gegeben werden. Nach Ross & Marzec (1994) sind bei artgerechter Fütterung Mangelzustände aufgrund einer Vitaminunterversorgung jedoch als unwahrscheinlich einzustufen. Auch sind Aussagen über einen Vitaminverlust toter Beutetiere schwierig. Zumindest für die Prärie-Strumpfbandnatter (*Thamnophis radix*) und für Gewöhnliche Strumpfbandnatter (*Thamnophis sirtalis sirtalis*) ist eine selbstständige Vitamin-C-Synthese in den Nieren nachgewiesen (Vosburgh et al. 1982). Geeignete Vitaminpräparate sind in unterschiedlicher Form und Zusammensetzung im Fachhandel erhältlich. Als Standardpräparat im Bereich der Terraristik hat sich das beim Tierarzt erhätliche „Korvimin ZVT + Reptil" bewährt. Wie auch für andere Präparate gilt für die Dosierung: „weniger ist mehr". Sind Sie sich über die Vitamindosierung im Unklaren, sollten Sie sich bei ihrem Tierarzt rückversichern.

Fütterungsproblematik und Zwangsfütterung

Probleme bei der Fütterung zeichnen sich wie folgt ab: Entweder verweigert *Python regius* rigoros die Nahrungsaufnahme, oder er entwickelt sich zu einem Futterspezialisten, welcher nur noch ein bestimmtes Beutetier akzeptiert.

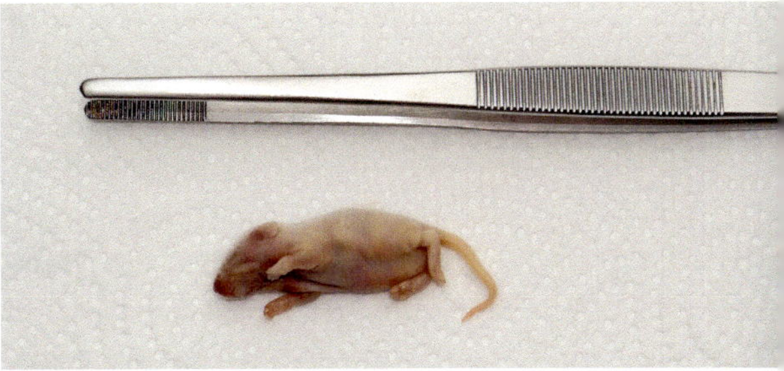

Zur Zwangsfütterung benötigt man eine stumpfe Pinzette und eine leicht behaarte, tote Maus. Foto: R. Bonke

Um die Speiseröhre des Pythons nicht zu verletzen, darf die Pinzettenspitze nicht über die Länge des Mäusebabys hinausragen ...

... , sondern muss hinter dem Kopf der Maus platziert werden. Fotos: R. Bonke

In diesem Zusammenhang ist vor allem die Mongolische Wüstenrennmaus erwähnenswert. Häufig als „Gerbil" im Zoofachgeschäft angeboten, gilt sie als

„Insidertipp“ für entschiedene Futterverweigerer. Einmal an spezielle Futtertiere gewöhnt, lehnt *Python regius* ein abweichendes Nahrungsangebot jedoch häufig ab. Mit ein wenig Geduld ist es aber möglich, ihn auf andere Beute umzustellen (siehe den Praxistipp zur sequentiellen Fütterung). Bis es aber überhaupt zu einer eigenständigen Nahrungsaufnahme kommt, können mitunter Wochen oder sogar Monate vergehen. Variieren Sie in solchen Fällen immer wieder die angebotene Futtertierart und deren Größe, und ermöglichen Sie es der Schlange, ihre Beute aus einem sicheren Versteck zu schlagen. Auch können frisch abgetötete oder aufgetaute Futtertiere über Nacht im Terrarium belassen werden, um den gewünschten Erfolg zu erzielen. Zeichnet sich auch nach mehreren Versuchen keine Verhaltensänderung ab und sind erste Anzeichen einer gesundheitsgefährdenden Gewichtsabnahme zu erkennen, kann man versuchen, *Python regius* ein totes Futtertier „ins Maul zu legen“. Für diese Methode werden tote Mäuse oder nestjunge Ratten verwendet, deren Größe die Breite des Kopfes der Schlange nicht überschreiten. Mit einem stumpfen Spatel öffnet man dem Python vorsichtig das Maul und legt das Beutetier hinein. Der Kopf der Schlange wird im Anschluss unter sanftem Druck zwischen Daumen und Zeigefinger festgehalten, sodass das Maul mit dem darin befindlichen Futtertier geschlossen bleibt. Nun wird *Python regius* vorsichtig in seinen Behälter zurückgelegt. Wichtig ist es, den Kopf der Schlange erst nach einigen Sekunden freizugeben und sich schnell aus deren Sichtfeld zu entfernen oder sich aber völlig bewegungslos zu verhalten. Mit etwas Glück setzt das natürliche Beuteverhalten ein, und *Python regius* beginnt, das Futtertier zu umschlingen. Oftmals ist es notwendig, das genannte Prozedere mehrfach zu wiederholen. Allerdings sollte dies zeitlich versetzt geschehen, da auch diese Methode, die eine Vorstufe der eigentlichen Zwangsfütterung darstellt, Stress für die Schlange bedeutet. Die Zwangsfütterung sollte immer das letzte Mittel der Wahl sein und erst angewendet werden, wenn der Ernährungszustand der Schlange keine andere Lösung mehr zulässt. Ratsam ist es, sie unter Zuhilfenahme eines erfahrenen Schlangenhalters durchzuführen. Auch hier greift man wieder auf tote Mäuse und nestjunge Ratten geringer Größe zurück. Diese werden mit Wasser befeuchtet, um sie gleitfähiger zu machen. Nachdem das Maul der Schlange geöffnet wurde, wird mit einer stumpfen Pinzette das Futtertier vorsichtig ins Maul geschoben. Zur Vermeidung von Verletzungen der Speiseröhre durch die Spitze der Pinzette muss das Futtertier hinter dem Kopf fixiert werden. Führen Sie es so weit wie möglich, jedoch stets mit enormer Vorsicht, in den Schlund der Schlange ein, um es anschließend mit selbiger Achtsamkeit in Richtung Magen zu massieren. Danach muss der Schlange äußerste Ruhe zukommen, damit die Beute unter Stresseinwirkung nicht wieder ausgewürgt wird. Um die Peristaltik (Muskelkontraktion) des Magens langsam an Nahrung zu gewöhnen, sind bei der Zwangsfütterung stets geringe Futtermengen in kürzeren Abständen zu wählen. Hierdurch wird das Risiko einer Regurgitation (Auswürgen der Nahrung) verringert. Das dargebotene Futter kann, in Absprache mit einem Veterinär, mit einem Vitamin-B-Komplex aufgewertet werden, was sich förderlich auf Appetit und Verdauung auswirkt.

DER PRAXISTIPP

Sollte sich *Python regius* auf ein bestimmtes Beutetier spezialisiert haben, bietet sich zur Umgewöhnung auf andere Futtertierarten die in Ross & Marzec (1994) beschriebene Methodik der sequentiellen Fütterung an. Hierbei wird die Schlange zuerst mit ihrer bevorzugten Beute angefüttert. Beim Schlingvorgang hebt der Königspython in periodischen Abständen die Seiten des Mauls an, um anschließend seinen Kiefer vorzuschieben. Während dieser Phasen nähert man aufgetaute oder frisch tote Mäuse bzw. Ratten langsam an das Maul der Schlange an. Kurz vor dem Verschlingen der Vorzugsbeute schiebt man ein totes Futtertier langsam in das Maul nach, woraufhin der Schlingreflex der Schlange fortgesetzt wird. Nach mehrfacher Anwendung dieser Technik ist in den meisten Fällen eine Umstellung auf alternative Futtertiere möglich. Auch kann die sequentielle Fütterung genutzt werden, um *Python regius* schrittweise von lebender auf tote Beute umzustellen.

Krankheiten

DER Umfang dieses Buches erlaubt leider keine präzise Beschreibung und demnach auch keine ausführlichen Behandlungshinweise zu einzelnen Krankheitsbildern. Deshalb soll an dieser Stelle auf die weiterführende Literatur im Anhang verwiesen werden. Allerdings möchte ich ein groben Leitfaden vorlegen, welcher auch dem Laien zumindest eine Identifikation der häufigsten Erkrankungen bei *Python regius* erlaubt. Unterschieden werden parasitologische Erkrankungen und solche, die aus einer fehlerhaften Haltung resultieren. Für *Python regius* relevante Ektoparasiten sind Zecken und Milben. Erstere sind häufig bei Importtieren vorhanden, können aber leicht entdeckt und vorsichtig mit einer Pinzette entfernt werden. Der Kopf der Zecke darf hierbei nicht abreißen und steckenbleiben, da sonst weiterhin die Übertragung von Krankheitserregern möglich ist. Aufgrund ihrer geringen Größe sind Milben wesentlich schwerer zu erkennen. Oftmals bemerkt man sie erst, wenn es zu einer regelrechten Massenvermehrung gekommen ist. Anzeichen für einen Milbenbefall sind kleine weiße Punkte (Milbenkot) auf den Schuppen der Schlange oder wenn diese, obwohl keine Anzeichen einer Häutung erkennbar sind, häufig das Wasserbecken aufsucht. Ertrunkene Milben können am Bodengrund des Wasserbeckens am besten unter Verwendung einer Lupe identifiziert werden. Ist ein Befall nachgewiesen, erfolgt ein vollständiger Wechsel des Bodengrundes und eine anschließende sterile und trockene Haltung. Sämtliche Einrichtungsgegenstände sind zu desinfizieren und dürfen erst wieder in das Terrarium eingebracht werden, wenn ein erneuter Befall durch überlebende Milben und deren Eier ausgeschlossen ist. Ein Wasserbecken wird weiterhin zur Verfügung gestellt. Je nach Verwendung des zur Milbenbekämpfung genutzten Medikaments ist aber Vorsicht vor toxischen Reaktionen geboten. So können sich z. B. bei Medikamenten, welche auf die Schuppen des Pythons aufgetragen werden, giftige Substanzen im Wasser ansammeln. Auch sind Vergiftungen über die Atemwege bekannt. Die genaue Vorgehensweise muss also in Zusammenarbeit mit dem zuständigen Veterinär vorher klar definiert sein. Die mit *Python regius* in Verbindung stehenden Endoparasiten umfassen verschiedene Wurmarten wie Spulwürmer, Madenwürmer, Zwergfadenwürmer, Bandwürmer und Saugwürmer. Ferner spielen Amöben, Flagellaten und Kokzidien als Vertreter der Protozoa (Einzeller) eine Rolle.

Auch wenn eine Infizierung der genannten Endoparasiten bei *Python regius* vorliegt, muss sich nicht zwingend ein Krankheitsbild abzeichnen. Häufig ist eine Symptomatik erst in Verbindung mit einer fehlerhaften Haltung erkennbar. Diese ruft Stress hervor und begünstigt eine Schwächung des Immunsystems. Ursächlich hierfür können eine zu trockene oder zu feuchte Haltung, inkorrekte Haltungstemperaturen oder mangelnde Hygiene sein.

Mikroparasitäre Erkrankungen werden hauptsächlich durch unterschiedliche Bakterien- oder Virenstämme hervorgerufen und kommen z. B. in Form von Magen-Darm-Erkrankungen oder einer Stomatitis (Mundfäule) zum Ausdruck. Besonders hervorzuheben ist hier die durch ein Retrovirus verursachte Einschlusskörperchen-Krankheit (Inclusion body disease/IBD), gegen die derzeit keine Behandlung möglich ist. Infizierte Tiere zeichnen sich durch Kopfzittern und Desorientiertheit aus, welchen eine Störung des Zentralnervensystems zu Grunde liegt. Das Fortschreiten der Symptomatik und die resultierende Appetitlosigkeit führen letztendlich zum Tod der Schlange. Während der Großteil der erwähnten Endoparasiten durch Kotanalysen oder serologische Testverfahren nachgewiesen werden können, sind bei IBD und Nidoviren neben Polymerase-Kettenreaktion (PCR) auch Biopsieverfahren möglich.

Eine Trübung der Augen vor der Häutung ist völlig normal und kein Zeichen einer Erkrankung. Foto: R. Bonke

Nachzucht

DIE erfolgreiche Nachzucht stellt sicherlich eines der Hauptziele des ambitionierten Königspythonpflegers dar. Bis vor wenigen Jahren waren Nachzuchten von *Python regius* eher die Ausnahme. Durch den „Boom" unterschiedlichster Farb- und Zeichnungsmorphen werden sie heute jedoch in großer Stückzahl angeboten. Realistisch betrachtet, sind es aber vor allem Großzüchter, denen die Zucht, schon allein bedingt durch die hohe Anzahl der im Bestand befindlichen Tiere, regelmäßig gelingt. Ein wirkliches Patentrezept gibt es bei der Zucht von *Python regius* nicht. Schafft man jedoch gewisse Rahmenbedingungen, so stehen die Chancen zur Vermehrung im heimischen Terrarium gar nicht schlecht.

Schlüpflinge „Superpastels" Foto: B. Love/Blue Chameleon Ventures

Geschlechtsunterschiede

Anhand äußerer Merkmale ist das Geschlecht von *Python regius* nicht eindeutig zu bestimmen. Bei vielen anderen Vertretern der Riesenschlangen ist eine Differenzierung der Geschlechter über die Größe der Aftersporne möglich. Diese stellen Rudimente, also im Verlauf der Evolution zurückgebildete Organe dar und repräsentieren die Überreste von Hinterextremitäten. Bei männlichen und weiblichen Königspythons sind sie jedoch nahezu identisch ausgeprägt und können somit nicht zur Geschlechteridentifizierung herangezogen werden. Auch die oftmals höhere Körpermasse und -länge adulter Weibchen bietet lediglich einen Hinweis, aber kein zuverlässiges Merkmal. Die sicherste Methode zur zweifelsfreien Geschlechtsbestimmung bei *Python regius* ist das Sondieren. Hierbei wird eine Knopfsonde geeigneter Größe in die Kloake der Schlange eingeführt und die Eindringtiefe der Hemipenis- bzw. Hemiklitoristaschen gemessen. Diese Technik setzt allerdings ein hohes Maß an Erfahrung voraus und sollte niemals von einem Laien durchgeführt werden, da durch eine fehlerhafte Anwendung die Geschlechtsorgane der Schlange irreversibel geschädigt werden können. Die Knopfsonde dringt bei Männchen bis zu zehn Subcaudalia (Schuppen der Schwanzunterseite), beim Weibchen bis zu drei Subcaudalia tief ein. Eine genaue Be-

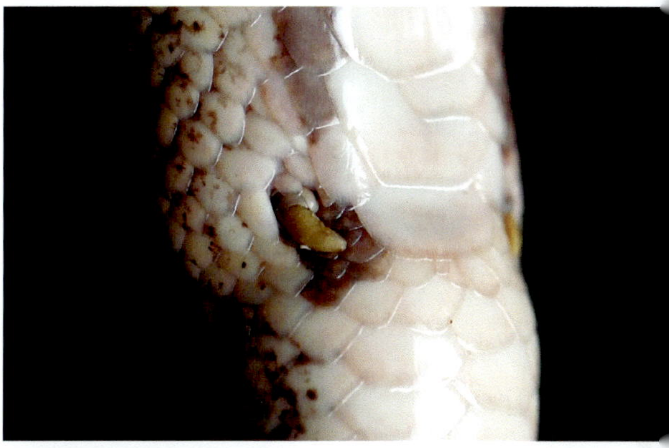

Aftersporn von *Python regius* Foto: R. Bonke

Deutlich erkennbare „sperm plugs" Foto: R. Bonke

schreibung zur Vorgehensweise des Sondierens findet sich bei KIRSCHNER & SEUFER (1999) und KÖLPIN (2002). Wie bereits erwähnt, ist von einem Selbstversuch bei Unerfahrenheit dringlich abzuraten. Überlassen Sie diese Arbeit dem Profi!

Eine weitere Methode der Geschlechtsbestimmung ist das sogenannte „Poppen", bei welchem unter sanftem Druck die Hemipenes der Schlange herausmassiert werden. Diese Methode gilt jedoch als sehr unsicher, da mitunter ein Ausstülpen der Hemipenes nicht erfolgt und man fälschlicherweise auf ein Weibchen schließen kann. Zudem besteht auch hier, durch unvorsichtiges Drücken im Kloakenbereich, ein erhebliches Verletzungsrisiko. Erfahrene Züchter nutzen diese Technik jedoch, um bei männlichen Tieren „sperm plugs", also Spermapfropfen zum Vorschein zu bringen, die geschlechtsreife Männchen zweifelsfrei erkennen lassen. Als sehr sichere Methode werden heute genetische Tests zur Geschlechtsbestimmung angeboten. Zu guter Letzt bleibt noch die Möglichkeit, das Geschlecht von *Python regius* anhand verhaltensbiologischer Beobachtungen zu bestimmen. Kommentkämpfe rivalisierender Männchen sowie Paarungsversuche sind Indikatoren hierfür. Der Nachteil dieser Methode ist aber offensichtlich. Es bedarf der Haltung einer größeren Gruppe von *Python regius*, die das gewünschte Verhaltensrepertoire auch zeigen. Zudem kann es auch zu Paarungsversuchen zwischen den Männchen kommen, und auch eine mögliche Spermaübertragung von Weibchen zu Weibchen wird diskutiert.

Geschlechtsreife und Voraussetzungen für die Nachzucht

Weniger das Alter, sondern vielmehr Größe und Gewicht erlauben Aussagen über die Geschlechtsreife von *Python regius*. So können männliche Königspythons bei guter Fütterung mitunter schon nach sechs Monaten lebensfähige Spermien produzieren, zeigen in diesem Alter aber in aller Regel noch keine Paarungsaktivitäten. Angaben zur Geschlechtsreife in freier Wildbahn gestalten sich schwierig. Durch das unregelmäßige Nahrungsangebot

Zwei Männchen buhlen um ein Weibchen.
Foto: R. Bonke

ist aber von einer Zeitspanne von mindestens drei Jahren auszugehen. Nach Kölpin (2002) erlangen männliche Königspythons die Geschlechtsreife nach zwei bis vier Jahren bei einem Gewicht von 650–900 g. Weibchen benötigen drei bis fünf Jahre und ein Mindestgewicht von 1.200 g. Allerdings müssen auch diese Angaben wieder in Relation zur Größe der Schlange betrachtet werden. So korreliert die Follikelreifung mit den Fettreserven des Weibchens. Sind diese nicht ausreichend vorhanden, können entweder keine oder nur wenige Eier minderer Qualität gebildet werden. Deshalb sollte man die Weibchen vor einer bevorstehenden Verpaarung leicht überfüttern und nur wohl genährte Tiere ab einem Gewicht von 1.500 g zur Zucht verwenden. Bei Männchen hingegen ist es von Vorteil, sie mit dem Futter relativ „knapp zu halten". Fettreserven sind für die Vitalität der Spermien nicht notwendig, und seltener gefütterte Männchen zeigen eine erhöhte Paarungsbereitschaft.

Zwei rivalisierende Königspython-Männchen beim Kommentkampf
Foto: R. Bonke

Paarungsstimulation

Durch Simulation einer kühlen, trockenen Phase in den Wintermonaten wird die Paarungsbereitschaft bei *Python regius* ausgelöst. Hierzu erfolgt ab Oktober/November eine Absenkung der Nachttemperaturen auf ungefähr 20 °C gemeinsam mit Tageshöchstwerten nicht über 28 °C. Die relative Luftfeuchtigkeit beträgt während dieser Zeit maximal 50–60 %. Eine Verkürzung der Beleuchtungsdauer des Terrariums kann in Verbindung mit der verkürzten Tageslänge der Wintermonate in Erwägung gezogen werden. Das natürliche Verbreitungsgebiet von *Python regius* unterliegt jedoch keinen Schwankungen in der Tageslänge, sodass diesem Punkt eine eher untergeordnete Rolle zukommt. Ab Januar/Februar werden Temperatur und Luftfeuchtigkeit wieder auf die ursprünglichen Werte während der Feuchtperiode zurückgesetzt (siehe Kapitel „Terrarienklima“).

Python regius sollte das ganze Jahr über nach Geschlechtern getrennt gehalten und erst zur Paarung zusammengesetzt werden. Obwohl einige Autoren eine Zusammenführung der Geschlechter erst mit Beendigung der kühlen Phase empfehlen, erfolgt diese bei mir bereits einige Tage nach dem Absenken der Temperaturen. Sollten sich keine Paarungen abzeichnen, empfiehlt es sich, weitere Männchen zu dem Weibchen zu setzen. Oftmals resultieren hieraus Kommentkämpfe, bei denen sich die Männchen gegeneinander aufrichten und versuchen, sich zu Boden zu drücken. Dieses Verhalten dient als zusätzlicher Paarungsstimulus, muss aber aufmerksam verfolgt werden, da es in seltenen Fällen sogar zu Beschädigungskämpfen kommen kann. Bei andauernden Kämpfen ist eine Trennung der Männchen unverzüglich vorzunehmen.

Das beim Kommentkampf überlegene Männchen versucht, den Rivalen zu Boden zu drücken. Foto: R. Bonke

Paarungsbereitschaft unter Rackbedingungen

Durch die kommerzielle Zucht unterschiedlicher Farb- und Zeichnungsmorphen von *Python regius* ist die kontrovers diskutierte Rackhaltung in den Fokus geraten. Hierbei handelt es sich um ein Regalsystem, in das Kunststoffwannen zur Haltung von *Python regius* eingeschoben werden Auch wenn eine dauerhafte Haltung „in Schubladen" mittlerweile als tierschutzwidrig gilt, so bleibt doch hervorzuheben, dass Königspythons unter diesen Bedingungen eine deutlich erhöhte Paarungsbereitschaft zeigten. Der Grund hierfür liegt auf der Hand. In freier Wildbahn bilden verlassene Nagetierbaue und Termitenhügel die bevorzugten Versteckplätze und werden auch zur Paarung und Eiablage genutzt. Innerhalb dieser Versteckplätze herrschen relativ konstante Temperaturen und eine hohe Luftfeuchtigkeit. Zudem ist ein Prädationsdruck durch mögliche Fressfeinde in solchen geschützten Unterschlüpfen kaum gegeben, wodurch ein entscheidender Stressfaktor wegfällt. Hält man sich erneut den sensiblen Charakter von *Python regius* vor Augen, so kommt besonders letztgenanntem Aspekt eine maßgebliche Bedeutung zu. Auch wenn die Zucht unter Terrarienbedingungen gelingt, so waren die genannten Grundvoraussetzungen im Rack doch wesentlich leichter zu simulieren. Das Ganze soll jedoch nicht als „Werbung" für diese als Dauerhaltungsform inzwischen verbotene Haltungsmethode

Früher wurden Königspythons auch dauerhaft im Rack gehalten, ...

... wo die Paarungsbereitschaft leicht zu stimulieren war. Fotos: R. Bonke

***Python regius* führt einen seiner Hemipenes in die Kloake des Weibchens ein.**
Foto: R. Bonke

verstanden werden. Allerdings hat sich gezeigt, dass auch über Jahre hinweg paarungsinaktive Königspythons durch eine vorübergehende Unterbringung „in Schubladen" zur Fortpflanzung bewegt werden können. Dies ist allerdings eine rechtliche Grauzone. Besprechen Sie im Zweifel dahingehende Pläne vorab mit ihrem zuständigen Veterinäramt, um rechtliche Konsequenzen zu vermeiden.

Paarung

Paarungsversuche erfolgen für gewöhnlich unmittelbar nach dem Zusammensetzen der Geschlechter. Unter intensivem Bezüngeln des Weibchens unternehmen die Männchen Aufkriechversuche auf dessen Rücken. Durch Bekratzen des Körpers mit Hilfe seiner Aftersporne versucht das Männchen, das Weibchen zusätzlich zu stimulieren. Zeigt sich dieses paarungsbereit, verweilt es ruhig und ermöglicht es dem Männchen, sich seitlich neben ihren Körper zu legen. Nun hebt das Männchen vorsichtig den Schwanz des Weibchens an und umschlingt diesen, um einen seiner Hemipenes einzuführen. Stellt sich dieses Verhalten nicht ein, sollte ein zusätzliches Männchen zum Weibchen gesetzt werden. Zur selektiven Königspythonzucht, kann aber auch schon das Einbringen einer frischen Häutung eines anderen Männchens in den Behälter den gewünschten Erfolg bringen. Es ist allgemein schwierig, harmonisierende Paare bzw. Gruppen von *Python regius* zusammenzustellen. Hier hilft nur Versuch und Irrtum. Ist ein Geschlechtspartner aber erst einmal akzeptiert, erfolgen von Oktober/November bis April kontinuierlich Kopulationen, welche sich über mehrere Stunden hinziehen können. Männchen mit ausgeprägter Paarungsaktivität sollte in regelmäßigen Abständen eine „Auszeit" gegönnt werden, um sie nicht zu stark zu schwächen.

Trächtigkeit

Auch wenn Paarungen von *Python regius* regelmäßig beobachtet werden können, sind diese kein Garant für eine nachfolgende Trächtigkeit. Als typische Indikatoren gelten jedoch das vermehrte Aufsuchen warmer Stellen im Terrarium, ein deutliches Anschwellen des hinteren Körperdrittels sowie eine Anorexie (Nahrungsverweigerung) im späteren Verlauf. Trächtige Weibchen drehen sich zudem häufig in eine Rückenlage. Dieses Verhalten ist aber auch nach dem Verschlingen großer Beutetiere zu beobachten und erlaubt deshalb keine sichere Aussage. Die eigentliche Ovulation, also der Eisprung, bei dem die unbefruchteten Eizellen aus den Eierstöcken in den Eileiter übergeleitet und anschließend befruchtet werden, ist an einer kurzzeitigen Umfangzunahme im Bereich der Körpermitte zu erkennen. Für einen Zeitraum von ca. 24 Stunden sieht die Schlange wie nach dem Verschlingen eines großen Beutetiers aus. Ungefähr 20 Tage nach der Ovulation schließt sich ein Häutungszyklus an. Nach De Vosjoli et al. (1994) erfolgt die Eiablage 24–34 Tage nach diesem Häutungszyklus. Diese Zeitspanne kann ich aus eigener Erfahrung bestätigen, allerdings kann sie sich auch auf bis zu 42 Tage ausdehnen (Kirschner & Seufer 1999). Futter kann während der Trächtigkeit, dann allerdings nur in Form kleinerer Beutetiere, angeboten werden. In aller Regel wird die Nahrungsaufnahme jedoch drei bis acht Wochen vor der Eiablage eingestellt.

Ovulierendes Königspython-Weibchen
Foto: R. Bonke

Eiablage und Gelegegröße

Für gewöhnlich erfolgt die Eiablage nachts. Der Eiablageplatz sollte ca. 30 °C warm und feucht, jedoch nicht nass sein.

Trächtiges Weibchen in Rückenlage
Foto: R. Bonke

Analog zur Paarungsphase ist die Luftfeuchtigkeit hoch, bei ca. 80–90 % zu halten. Es ist von größter Bedeutung, Stressfaktoren für das Weibchen kategorisch auszuschließen. Aus diesem Grund muss der Eiablageplatz dem Weibchen Schutz vor störenden Außenfaktoren bieten. Ideal sind zu diesem Zweck angefertigte Schlupfkästen. Das Eiablagesubstrat sollte eine Struktur aufweisen, die es dem Weibchen ermöglicht, eine Mulde hineinzuformen. Gut geeignet sind Pinienrinde oder Spaghnum-Moos. Wichtig ist es auch, den Temperaturfühler des Thermostats unmittelbar auf der Heizquelle zu installieren, da Temperaturen oberhalb von 33 °C zum Absterben der Eier führen. Auch darf dem Weibchen keine Möglichkeit geboten werden, die Eier im Wasserbecken abzulegen. Verwenden Sie aus diesem Grund nur ein kleines Wassergefäß mit niedrigem Wasserstand. Sollte das trächtige Weibchen unaufhaltsam im Terrarium umherkriechen und den geschaffenen Eiablageplatz nicht akzeptieren, sind dessen Kriterien nochmals zu überprüfen. Anderenfalls besteht die Gefahr einer Legenot, welche zum Tod des Tiers führen kann. Die Eiablage kann sich über mehrere Stunden hinziehen. Die Oberfläche frisch abgesetzter Eier ist zu Beginn noch feucht. Zu diesem Zeitpunkt können sie noch gefahrlos getrennt und in den Inkubator überführt werden. Nachdem sie abgetrocknet sind, klebt das gesamte Gelege jedoch zusammen, und es sollte nicht mehr versucht werden, die Eier zu separieren. Die Gelegegröße steht in direkter Beziehung zur Größe und dem Ernährungszustand des Weibchens und schwankt zwischen einem und fünfzehn Eiern.

Inkubation

Die erfolgreiche Zeitigung des Geleges ist sowohl unter natürlichen Bedingungen – durch das Bebrüten des Weibchen – als auch durch die künstliche Zeitigung möglich. Allerdings gestaltet sich eine adäquate Kontrolle von Temperatur und Luftfeuchtigkeit unter Naturbrutbedingungen weitaus schwieriger, sodass in diesem Kapitel nur die künstliche Zeitigung behandelt werden soll. Sind die Zuchtbemühungen nun mit einem abgesetzten Gelege belohnt worden, so gilt es, dieses möglichst schnell in einen Inkubator zu überführen. Geeignet sind hierfür im Handel erhältliche Kunstglucken, Flächen- und Motorbrüter. Der Nachteil von Kunstglucken und Flächenbrütern liegt in ihrer oftmals niedrigen Bauweise. Bei einem zusammengeklumpten Gelege von *Python regius* können unter Umständen die Eier nicht ohne ein Berühren der obenliegenden Heizquelle im Inkubator untergebracht werden. Für solche Fälle sind Motorbrüter weitaus besser geeignet. Auch bedingt ihre eingebaute Luftumwälzung ein homogeneres Brutklima. Der

Weibchen mit abgesetztem Gelege
Foto: R. Bonke

teure Anschaffungspreis hingegen dürfte sie aber für den Einsteiger uninteressant machen. Eine sehr erfolgversprechende und dennoch günstige Alternative ist der Eigenbau eines Inkubators mit Hilfe einer Stryroporkiste. Auch ein ausgedientes Aquarium kann für diesen Zweck verwendet werden, allerdings isoliert es bei stark schwankenden Raumtemperaturen nur begrenzt. Ausgestattet mit einem über ein Thermostat gesteuerten Heizstab, welcher am Boden platziert wird, wird der Behälter ca. 10–15 cm hoch mit Wasser befüllt. Ein Kunststoffgitter oberhalb des Wasserpegels oder

Schlüpfende Jungtiere von *Python regius*. Die Eier wurden hier auf Vermiculit inkubiert. Foto: R. Bonke

aber Ziegelsteine, auf die ein für das Gelege vorgesehener Behälter gestellt werden kann, sowie eine schräg aufgelegte Glas- oder Plexiglasscheibe, die das Kondenswasser abfließen lässt, vervollständigen den Bau. Als Brutsubstrate haben sich Vermiculit (ein Schichtsilikat) oder aber Perlit (ein vulkanisches Gesteinsglas) bewährt, welche im Verhältnis von 1:1 mit Wasser vermischt werden. Wichtig ist es, den Inkubator vor der Eiablage für einige Tage „einzufahren", damit die Brutbedingungen im Vorfeld kontrolliert werden können. Beim Entfernen des Geleges vom Muttertier ist mit äußerster Sorgfalt vorzugehen. Das Weibchen wird seine Eier vehement verteidigen. Um es zu beruhigen, sollte es vorsichtig mit einem Handtuch bedeckt werden. Ohne die Position der Eier zu verändern, werden anschließend die Körperschlingen des Pythons von den Eiern gelockert und das Weibchen in einen gesonderten Behälter umgesetzt. Das Gelege kann nun, unter Beibehaltung seiner ursprünglichen Lage, in den Inkubator überführt werden. Bei einer Luftfeuchtigkeit von 90–95 % sollte die Bruttemperatur ungefähr 29–31 °C betragen. Auch ist eine Nachtabsenkung auf 23–26 °C möglich.

Schlupf

In Abhängigkeit der gewählten Inkubationstemperatur erfolgt der Schlupf der Jungtiere nach 50–85 Tagen. Mit Hilfe des Eizahns wird das Ei angeritzt und der junge Python streckt vorsichtig seinen Kopf zum Atmen heraus. Ab diesem Zeitpunkt muss der Schlupfvorgang aufmerksam beobachtet werden. In manchen Fällen wird die Eischale unterhalb eines darüberliegenden Eis angeritzt und dem Python der Ausgang zum Luftholen versperrt. Dies hätte unweigerlich das Ersticken eines vollständig entwickelten Jungtiers zur Folge. Ungefähr drei bis vier Tage vor dem Schlupf verlieren die Eier ihre Adhäsion zueinander und können getrennt werden, wodurch ein ungehinderter Schlupf gewährleistet ist. Erst wenn der Dottervorrat vollständig resorbiert wurde, schlüpfen die Jungtiere ca. 24 bis 48 Stunden später vollständig aus dem Ei. Das Gewicht frisch geschlüpfter Jungtiere beläuft sich auf ungefähr 50–70 g. Diese Angaben können jedoch variieren. Verschiedene Autoren geben eine Gewichtsspanne zwischen 28 und 94 g an. Bei mir geschlüpfte Jungtiere wogen zwischen 46 und 76 g. Immer wieder kommt es vor, dass vereinzelte Eier, auch Tage nachdem die ersten Tiere erfolgreich geschlüpft sind, nicht angeritzt wurden. Die Ursachen hierfür können vielfältig sein. Jetzt gibt es zwei Möglichkeiten: Warten oder das Ei manuell öffnen. Ein manuelles Öffnen ist immer mit einem erheblichen Risiko verbunden, da Blutgefäße der Schalenhaut verletzt werden können und der Python im Ei

Manuell geöffnetes Ei von *Python regius*. Deutlich sind die Blutgefäße der Schalenhaut erkennbar. Foto: R. Bonke

verblutet. Auf der anderen Seite wäre es auch möglich, dass die Schlange ohne externe Hilfe im Ei verendet. Hier eine richtige Entscheidung zu treffen, ist schwer. Fällt die Entscheidung zu Gunsten des manuellen Öffnens, sollte dieser Vorgang nur von einem erfahrenen und mit dieser Methode vertrautem Schlangenzüchter durchgeführt werden. Bitte kein Selbstversuch! Hierfür wird mit einer spitzen Schere, unter äußerster Sorgfalt und ohne darunter liegende Gefäße zu verletzen, ein kleines Sichtfenster in die Eischale geschnitten. Anschließend wird mit einem stumpfen Gegenstand der Körper des Pythons leicht angestoßen. Lebensfähige Jungschlangen lassen sich hierdurch zum Durchstoßen der Eihäute bewegen.

Aufzucht

JUNGTIERE

schlüpfen mit einer Gesamtlänge von 25–45 cm. Nachdem sie das Ei verlassen haben, werden sie gesondert in kleine Aufzuchtterrarien oder Rackschubladen umgesetzt. Während der ersten Lebenswochen sind sie so wenig wie möglich zu stören. Eine Gruppenaufzucht ist zwar möglich, notwendigerweise muss aber zu ersten Fütterungsversuchen eine Trennung der Jungschlangen erfolgen. Das Herausnehmen aus dem Gemeinschaftsterrarium kann dann häufig Stress verursachen, der sich problematisch auf erste Fütterungsversuche auswirkt. Bis der Nabel der Schlüpflinge vollständig abgeheilt ist, ist eine Haltung auf einem sterilen Bodengrund notwendig. Auch sind die Jungtiere besonders anfällig für eine Dehydration (Austrocknung). Als Bodengrund für die ersten Lebenswochen ist deshalb Küchenfließ ideal, da es neben seinen sterilen Eigenschaften zusätzlich Feuchtigkeit über einen gewissen Zeitraum speichert. Bis zur ersten Häutung sollte die Luftfeuchtigkeit konstant bei 80–90 % liegen. Danach können die Haltungsbedingungen an die

Die Aufzucht der Jungtiere erfolgt in den ersten Lebenswochen in kleinen Glasterrarien mit „wet box". Foto: R. Bonke

Jungtiere von *Python regius* zeigen oftmals eine kontrastreichere Grundfärbung, die mit zunehmendem Alter nachdunkelt. Foto: R. Bonke

der Elterntiere angepasst werden. Aufgrund der sensiblen Hautstruktur und dem noch nicht vollständig abgeheilten Nabel, sollten Kletteräste erst nach der ersten Häutung in das Aufzuchtterrarium eingebracht werden. Ein sicheres Versteck und ein kleines Wassergefäß sind zu Beginn als Einrichtungsgegenstände ausreichend. Die erste Häutung erfolgt nach ca. 10–30 Tagen. Futter kann in Form leicht behaarter Mäusebabys oder nestjunger Ratten bereits vor der ersten Häutung angeboten werden, wird in aller Regel aber erst danach angenommen. In seltenen Fällen wird die erste Nahrungsaufnahme bei jungen Königspythons verweigert. Bieten Sie dann, wie im Kapitel „Fütterungsproblematik und Zwangsfütterung" beschrieben, unterschiedliche Futtertiere und verschiedener Größen an oder belassen Sie ein totes Futtertier über Nacht im Terrarium. Erst wenn keine dieser Methoden erfolgreich und eine deutliche Gewichtsabnahme zu erkennen ist, sollte auf den Versuch der „Beute ins Maul legen" bzw. die Zwangsfütterung zurückgegriffen werden.

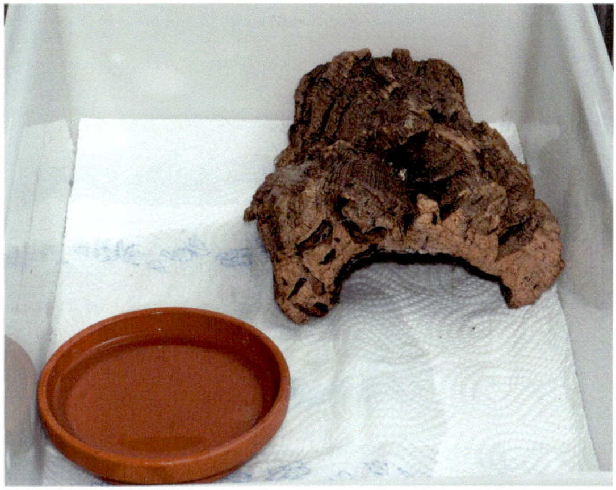

Auch zweckmäßig eingerichtete Rack-Schubladen eignen sich für die Anfangszeit der Jungenaufzucht. Foto: R. Bonke

Gesamtansicht eines Aufzucht-Racks. Eine dauerhafte Rackhaltung ist jedoch tierschutzwidrig. Foto: R. Bonke

Farb- und Zeichnungsvarianten

WOHL kaum ein anderer Terrarienbewohner hat durch selektive Zucht unterschiedlicher Farb- und Zeichnungsvarianten eine solche Popularität erfahren wie *Python regius*. Dominierten noch bis vor wenigen Jahren einfach zu züchtende Reptilien, wie die Kornnatter (*Pantherophis guttatus*) und der Leopardgecko (*Eublepharis macularius*) diesen Sektor der Terraristik, so konnte der Königspython – Dank des heute besseren Verständnisses seiner Verhaltens- und Brutbiologie – diesen Arten längst den Rang ablaufen. Die Motivation solcher Zuchtbemühungen mag unterschiedlich sein, liegt aber mit Sicherheit auch in einem finanziellen Interesse begründet. Durch die niedrige Reproduktionsrate des Königspythons bleiben die gezüchteten Morphen über einen längeren Zeitraum wertstabil. Besonders in den USA ist hierdurch eine regelrechte Königspython-Industrie entstanden. So erzielen bestimmte Varianten Preise im fünfstelligen Bereich, und wenige Züchter sind sogar in der Lage, mit der gezielten Auswahlzucht ihren Lebensunterhalt zu verdienen. Dieser

„Pastel Pinstripe" Foto: B. Love/Blue Chameleon Ventures

„Pastel Enchi Desert Ghost" Foto: B. Love/ Blue Chameleon Ventures

„Pastel Ivory" Foto: B. Love/ Blue Chameleon Ventures

Umstand verleitet besonders Neueinsteiger zu der Annahme, in kurzer Zeit das „große Geld" mit der Haltung und Zucht von *Python regius* verdienen zu können. Nach wie vor handelt es sich bei dieser Schlange aber um einen Pflegling, der sehr spezifische Haltungsanforderungen stellt und nur bei Berücksichtigung diverser Faktoren über Jahre erfolgreich gepflegt und zur Nachzucht gebracht werden kann. Auch sollte bei der Anschaffung von *Python regius* stets das Interesse an seiner Biologie und nicht ein finanzieller Aspekt im Vordergrund stehen, da er sonst, wie leider schon viele Terrarientiere vorher, zur „Handelsware" verkommt.

Wie aber kommt es zu der Flut der heute erhältlichen Königspythonvarianten?

Der Phänotyp, also das äußere Erscheinungsbild eines Lebewesens, wird teils durch die Umwelt, jedoch überwiegend

Melanistischer und „Snowball"-Königspython Foto: B. Love/Blue Chameleon Ventures

durch seinen Genotyp, sprich durch die Gesamtheit seiner Erbanlagen, bestimmt. Unter Erbanlagen sind die Gene zu verstehen, die Träger der Erbinformationen (DNA) sind. Bei der geschlechtlichen Fortpflanzung verschmelzen eine männliche und eine weibliche Geschlechtszelle zu einer Zygote (befruchtete Eizelle). Die Zygote enthält dann Erbinformationen väterlicher- und mütterlicherseits, und es kommt zu einer Neuanordnung (Rekombination) des genetischen Materials. Zusätzlich können durch Mutationen, also durch Veränderungen des Erbgutes, phänotypische Merkmale beeinflusst werden. Hierbei handelt es sich um eine stark vereinfachte Darstellung, die nur grob beschreibt, welche molekularbiologischen Werkzeuge dem Züchter bei der Entwicklung neuer Farb- und Zeichnungsvarianten von *Python regius* zur Verfügung stehen. Auch ist aus Platzgründen

„Caramel Pastel Desert"
Foto: B. Love/
Blue Chameleon Ventures

Dank

FÜR Anmerkungen zum Manuskript, Hinweise in Bezug auf Literatur und nicht zuletzt für den steten Informationsaustausch gilt mein besonderer Dank Dr. Thomas Kölpin. Weiterhin möchte ich mich für die Möglichkeit zusätzlicher Terrarienaufnahmen bei Dennis Pfitzner bedanken. Abschlie-

eine Auflistung der erhältlichen Morphen hier nicht möglich, da es den Rahmen diese Buches sprengen würde. Wer sich jedoch tiefer in diese Thematik einlesen möchte, dem seien die Referenzwerke von BROGHAMMER (2025), KÖLPIN (2002) und MCCURLEY (2007) empfohlen, außerdem die Königspython-Ausgabe des Terraristik-Themenheftes DRACO und hier besonders der Artikel von KÖLPIN (2008).

„Super Butter" Foto: B. Love/ Blue Chameleon Ventures

„Caramel Striped" Foto: B. Love/ Blue Chameleon Ventures

ßend gilt mein Dank dem Natur und Tier - Verlag, der es mir ermöglicht hat, meine Erfahrungswerte im Rahmen der „Art für Art"-Reihe niederzuschreiben: Matthias Schmidt, Geschäftsführer, sowie Heiko Werning und Mike Zawadzki für das Lektorat.

Weitere Informationen

ZUR Optimierung von Haltungsbedingungen und Zuchtbemühungen ist eine ausführliche Literaturrecherche unumgänglich. Allerdings kann diese nicht den Erfahrungsaustausch mit anderen Schlangenhaltern ersetzen. Es ergibt also Sinn, sich über fachspezifische Vereine in seiner näheren Umgebung zu informieren. Die Deutsche Gesellschaft für Herpetologie und Terrarienkunde e.V. (DGHT) bietet in Regionalgruppen und Arbeitsgemeinschaften die Möglichkeit zur Kommunikation mit gleichgesinnten Terrarianern. Weiterhin informieren Fachzeitschriften wie REPTILIA über anstehende Tagungen und Veranstaltungen. Nachfolgend finden Sie eine kurze Auflistung weiterführender Vereine und Fachzeitschriften.

Vereine und Interessengruppen

Deutsche Gesellschaft für Herpetologie und Terrarienkunde (DGHT e. V.; www.dght.de) ist die weltweit größte Gesellschaft ihrer Art und bringt Wissenschaftler, Hobbyherpetologen und Terrarianer zusammen.
Innerhalb der DGHT existiert die AG Schlangen, die sich auch mit Westlichen Hakennasennattern beschäftigt und jährliche Fachtagungen veranstaltet.

Zeitschriften

- REPTILIA
Terraristik-Fachmagazin
Natur und Tier - Verlag GmbH
An der Kleimannbrücke 39/41
48157 Münster
Tel.: 0251-133390
E-Mail: verlag@ms-verlag.de

- elaphe
(nur für Mitglieder der DGHT)
www.dght.de

Artenschutzfragen

Bundesamt für Naturschutz
Konstantinstr. 110
53179 Bonn

Tel.: 0228-8491-0
Fax: 0228-8491-9999
Home: www.bfn.de

Untersuchungsstellen

Kotproben, Sektionen und andere Untersuchungen können von spezialisierten Tierärzten oder von veterinärmedizinischen Untersuchungsstellen, die es in vielen Städten gibt, vorgenommen werden. Eine Liste mit Tierärzten, die sich mit Reptilien und Amphibien beschäftigen, kann über die DGHT bezogen oder auf www.dght.de eingesehen werden.

Überregional bekannt sind z. B. folgende Einrichtungen:

- exomed (www.exomed.de)
- LABOKLIN (www.laboklin.de)
- Landesbetrieb Hessisches Landeslabor (www.lhl.hessen.de)

Viel Spaß und Erfolg mit Ihrem Königspython!
Foto: viper345/Shutterstock

Weiterführende und verwendete Literatur

A. Bücher

BROGHAMMER, S. (2001): Königspythons: Lebensraum, Pflege und Zucht. – M & S Verlag, Villingen-Schwennigen, 80 S.

BROGHAMMER, S. (2025): *Python regius*: Atlas der Farbmorphen. – 3., aktualisierte Auflage, Natur und Tier - Verlag, Münster, 440 S.

BUNDESMINISTERIUM FÜR ERNÄHRUNG, LANDWIRTSCHAFT UND FORSTEN, REFERAT TIERSCHUTZ (1997): Gutachten über Mindestanforderungen an die Haltung von Reptilien. – Bonn, 78 S.

KIRSCHNER, A. & H. SEUFER (1999): Der Königspython: Pflege, Zucht und Lebensweise. – Kirschner & Seufer Verlag, Keltern-Weiler, 102 S.

KÖLPIN. T. (2002): *Python regius*: Der Königspython. – Natur und Tier - Verlag, Münster, 94 S.

MCCURLEY, K. (2007): *Python regius*. Das Kompendium. – Edition Chimaira, Frankfurt/M., 310 S.

ROSS, R. & G. MARZEC (1994): Riesenschlangen, Zucht und Pflege. – bede-Verlag, Ruhmannsfelden, 247 S.

VOSJOLI, P. DE, P.J. KLINGENBERG, T. BARKER & D. BARKER (1995): The Ball Python Manual. – Advanced Vivarium Systems, Santee, CA, 78 S.

WILMS, T. (2004): Terrarieneinrichtung. Grundlagen – Materialien – Methoden. – Natur und Tier - Verlag, Münster, 128 S.

B. Artikel

BONKE, R. (2008): Gestaltungs- und Einrichtungsmöglichkeiten für Königspython-Terrarien am Beispiel einer privaten Anlage. – DRACO Nr. 35, 9(3): 34–38.

CONANT, R.(1993): The Oldest Snake. – Bull. Chicago Herp. Soc., 28(4): 77–78.

KÖLPIN. T. (2008a): Der Königspython – eine Schlange mit vielen Gesichtern. – DRACO Nr. 35, 9(3): 4 – 17

– (2008): Farbvarianten beim Königspython. – DRACO Nr. 35, 9(3): 48–57.

– (2005): Des Königs neue Kleider. Neue Farb- und Zeichnungsvarianten beim Königspython (*Python regius*). – REPTILIA 10(5): 33–40.

LUISELLI, L. & F.M. ANGELICI (1998): Sexual size dimorphism and natural history traits are correlated with intersexual dietary divergence in royal pythons (*Python regius*) from the rainforests of southeastern Nigeria. – Ital. J. Zool. 65: 183–185.

VOSBURGH, K., P. BRADY & D. ULLREY (1982): Ascorbic Acid Requirements of Garter Snakes: Plains (*Thamnophis radix*) and Eastern (*T. sirtalis sirtalis*). – J. Zoo. An. Med. 13: 38–42.